负责任创新的
理论与实践

廖苗 著

FUZEREN CHUANGXIN DE

LILUN YU SHIJIAN

湖南大学出版社
·长沙·

内 容 简 介

负责任创新的理念自 2011 年前后在欧美国家兴起，经历了一波理论研究与政策研究的浪潮，使得这一概念在科技哲学、科学学、科技政策、科学传播等领域受到关注。本书聚焦科技创新系统中的关键主体，基于半结构访谈中获取的材料，系统考察了此理念在个体和组织层面、科研资助和产业创新领域，以及不同地区和国家的多角度的丰富实践；通过学理论证、实地调研和国际比较等方法，对负责任创新领域的若干理论与实践的问题进行考察、分析和梳理。

图书在版编目（CIP）数据

负责任创新的理论与实践/廖苗著.—长沙：湖南大学出版社，2020.5

ISBN 978-7-5667-1861-7

Ⅰ.①负…　Ⅱ.①廖…　Ⅲ.①技术革新—伦理学—研究　Ⅳ.①B82-057

中国版本图书馆 CIP 数据核字（2019）第 265400 号

负责任创新的理论与实践
FUZEREN CHUANGXIN DE LILUN YU SHIJIAN

著　　者：廖　苗
责任编辑：刘　芳　　　　　　　　　责任印制：陈　燕
印　　装：长沙鸿和印务有限公司
开　　本：710mm×1000mm　1/16　印张：11　字数：152 千
版　　次：2020 年 5 月第 1 版　　　印次：2020 年 5 月第 1 次印刷
书　　号：ISBN 978-7-5667-1861-7
定　　价：46.00 元

出 版 人：李文邦
出版发行：湖南大学出版社
社　　址：湖南·长沙·岳麓山　　　邮　　编：410082
电　　话：0731-88822559(发行部),88821327(编辑室),88821006(出版部)
传　　真：0731-88649312(发行部),88822264(总编室)
网　　址：http://www.hnupress.com
电子邮箱：1129188993@qq.com

前　言

科技创新活动在社会中相当重要，对整个社会影响巨大。人们需要科技创新来解决各种问题，亦通过公共投资支持科技活动。然而，科技创新的不确定性和可能产生的风险会带来灾难性后果，以及也许本着良好意图的科技创新，但由于考虑不到位而带来争议。为应对此种境况，欧美各国近年来倡导"负责任创新"这一理念。该理念旨在让科技创新系统中的各个行动者和利益相关者——科学家、工程师、政策制定者以及公众等——能够积极参与协商，对科技创新的过程和产出进行实时评估和治理，共同为科技创新塑造美好未来担负责任。

在负责任创新的理念框架下，本书聚焦科技创新系统中的一个关键主体——科研人员。从负责任创新的视角来看，科研人员的责任不再拘泥于科技与社会的内/外二分，不仅限于诚实做研究，还需要具有"伦理参与能力"，积极主动地参与对科技活动的社会潜在利益和风险的预期，参与对自身科研活动的价值和影响的反思，参与到各方利益相关者的公共协商讨论等实践当中，并将这些实践的思考和成果反馈到自己当下的科研工作中。

基于半结构访谈获取的材料，本书从社会意涵、规范行为、参与协商三个方面来描述当下科研人员的伦理参与能力状况的三个层次：伦理参与意识不足、有意识无行动、有意识有行动。从对比分析中得出，影响科研人员伦理参与能力状况的因素至少有四个方面——体制环境、规章制度、日常实践、器物设计，且四个方面相互关联。

　　要提升科研人员的伦理参与能力，可以根据具体情况，针对上述影响因素来进行调整或者改进。"社会技术整合研究"是一项从日常实践角度来提升科研人员伦理参与能力的尝试，此方法有一定的效果，但实施起来存在困难，且因时因地而效果不同，盖因日常实践并非伦理参与能力的单一影响因素，体制环境及规章制度的具体差异会起到辅助或阻碍作用。分析清楚具体情况中各方影响因素的作用方式，将有助于针对性地选用或设计提升伦理参与能力的方法。

笔　者

目　次

第一章
科技创新与科研人员的责任

第一章　科技创新与科研人员的责任

第一节　当代科技创新面临的社会问题

随着科技进步给人们生产和生活的诸多方面带来一系列重大变革和深远影响，人们在遇到各种社会问题时也越来越习惯于向科技创新寻求解决方案。在很多领域，科技创新甚至成为了摆脱困境的最主要出路。在古代，面临严重干旱时，许多民族都寄希望于原始宗教的祈祷仪式来求得雨水；而现代社会则通过建立在科学的气象观察基础上的人工增雨技术，或者地下水开采等技术来解决缺水问题。从气象的预报到震灾的防控，从控制生育、延缓衰老到治疗疾病，人们不再过度依赖宗教、文教、手艺乃至哲学思辨等传统，转而仰仗科技创新来解决难题，且这样的例子数不胜数，以致有人认为科技在当代有被神化的趋势。

然而，科技创新为一些社会问题带来解决方案的同时，也带来了许多不容忽视的新问题。例如，荷兰为应对能源和环境危机，曾强制推行智能电表，以提高电力生产调度的效率，但是却遭到民间团体的强烈反对，原因是智能电表会方便黑客了解家中是否有人以及家中在使用哪些装置等隐私信息（Jeroen van den Hoven，2013）。与此类似，近年来在农作物的转基因技术应用中产生了广泛的争议。尽管许多农业科技专家公开支持转基因技术，甚至发表了相关实验数据来证明其无害，但是许多公众和民间团体仍认为其在人体健康、农业生态等方面的潜在威胁不可排除，同时质疑科技界专家甚至国家机构人员与转基因技术企业存在利益关联，并反对在具备充足公信力的安全性数据披露之前贸然推进该技术的大规模商业化。

智能电表和农作物转基因技术绝非孤立案例，而是近年来全球各科技领域涌现出的一大批充满激烈冲突的复杂伦理问题的代表。于是，在科技近乎被"神格化"的这个时代，科技在环保、就业、隐私等领域被部分人"妖魔化"的遭遇也在同时发生。在今天，人们越来越意识到科技创新在解决个别具体问题的同时还可能造成一系列难以预料、难以预防、难以挽回的后果。对整个社会而言，科技创新不再是诺贝尔试验炸药这样可以封闭在偏僻小屋里隔绝风险的活动，而是完全可能对这颗星球的极大范围、全人类及今后的数个世代带来巨大影响的活动。

在公众越来越多地以混有期待和警觉的复杂目光审视科技创新的这个年代，从事科技研发的人群与社会公众之间的关系不再像科技文明在启蒙初期时那样单纯。"科学的中立性"在许多人看来即便不是个笑话，也顶多是个老套的童话，某些深受其害的人甚至开始怀疑它是一个精心包装的谎言。这一态度转变背后有一定的社会原因，其端倪也不难分辨。今天的科技研发创新活动，已经成为一类高度专业化的职业工作，如果没有来自产业界甚至政界的资金支持或者政策倾斜等资源，很多科研项目根本不可能供养这样庞大且收入可观的研究人员群体，以及支撑他们所使用的昂贵的专业设备和物资等。从某种意义上说，前科学时代的科技创新是为科技精英的求知欲和创造欲所驱使的大航海；而在后科学时代，这些远征船队背后出资人的意图更为清晰可见，科技创新团队甚至开始被贬低、矮化为开赴未知大陆的雇佣军。

在科研人员与赞助人之间的关系日益紧密化的同时，科研人员与普通大众的关系则在特定意义上变得越发疏远。虽然全社会的科技素养随着义务教育的普及而逐渐提高，但是现代科研在广泛知识领域内突飞猛进的发展和隔行如隔山似的细分专门化，却令在任何一个具体的科研问题领域从事创新活动的个人或共同体都拥有一个难以与广大公众分享的、十分独特的知识集合。对这种信息不对称的体认，与对科研赞助意图的怀疑，共同导致了公众对科研人员及其活动的信任危机，同时也不断加剧着科研人员与社会公众的区隔对立。

随着这种对立的形势变得愈发严峻，科研责任的概念也愈发凸显。正因为科研人员所从事的科技创新活动可能会给普通公众的切身利益带来特定损害，普通公众也就对科研人员的活动施加越来越大的社会压力。法律意义上的责任概念，也包含有向可能引起损害的一方施加强制压力的内涵。故可以说，科研人员的责任处境随着他们与社会公众日益深刻的区隔对立而变得日益艰难起来。

第二节 创新与责任问题的凸显

负责任创新是近年来欧美各国兴起的一个理念，该理念是关于如何让科技创新系统中的各个行动者和利益相关者——科学家、工程师、政策制定者以及公众等——能够对科技创新的应用和影响更为负责，尤其是在被称为新兴科技（如纳米科技、合成生物学、信息通信技术）的领域。这一理念正在逐渐引发科技的社会研究以及科技政策研究领域的越来越多的学者甚至是政策制定者的关注和兴趣。

创新作为一个系统，将许多不同的行动者囊括在某一过程之中。由此，系统中的单个个体不能够控制整个过程以及产出，也就无法对其影响担负责任。这很容易导致"有组织的不负责任"，意味着无人负责。在这样的情况下，如何能够推进负责任的创新。如何能够使得这些不同的行动者和利益相关者一同来负起责任，就成为重要且有意义的问题。

根据乌尔里希·贝克（Ulrich Beck）等人所提出的一套风险社会（risk society）理论，为了克服风险社会中"有组织的不负责任"的困境，一方面需要科学和政治的"去边界化"——这意味着政治家、企业家、技术人员以及公众一同成为科学知识的"共同生产者"——以及一种公众参与的新的政治文化；另一方面更需要敏锐的、有政治责任感、风险意识和批判精神的个体（周志家，2012）①。

在科技创新系统中，科研人员扮演着至关重要的角色。他们的工作、知识与潜在技术的生产最为接近，而这些知识和潜在的技术可能会成为整个创新过程的发动机。他们可能成为"少数在他们的绝缘墙内工作足以改变多数人的日常生活的人"（Latour，1983）。科研人员作为专家对他们的研究工作的进程和可能的产出都具备专门的知识。因此，他们很可能最早注意到自己的研究工作的潜在风险和不想要的后果，这一特殊的性质使得科研人员具有特殊的责任。在负责任创新的框架中，科研人员除了需要考虑研究诚信之外，恐怕还需要更多地考虑他们的研究工作的广泛的社会影响。

作为科技创新系统中的关键角色，科研人员如何考虑他们的责任，他们在研究中如何负责任地实践，是一个值得深思的问题。长期以来关于科研伦理的研究和教育大都关注科研诚信：防止不端行为（伪造、篡改和剽窃，即 fabrication，falsification，plagiarism，简称 FFP）和其他不当的研

---

① 贝克阐述这一观点的原文为德文，故转引自中文文献。

究行为。然而，科学研究中生产出来的知识不再仅仅是价值中立的真理，业已成为给予技术发明以动力的创新源泉，且这些技术发明和技术制品在不断建构或重构我们的世界。因此，科研人员除了要履行其作为专业人员的职责之外，负责任的研究实践还应当包含对其研究的广泛社会影响的更多的思考。由此才可以尽可能地实现研究带来的利益，避免可能的危害，注意到潜在的风险。当这些影响和产出尚未确定之时，科研人员是最有能力考虑这些事项的人。

此外，科学知识社会学以及技术的社会形塑等方面的研究表明，无论科研人员是否注意到，人类的价值以及各种社会因素都对科学知识和技术发明有塑造作用，同时科学知识和技术发明也反过来塑造着社会和价值。如果科研人员有意识地注意他们自己研究活动的目的、过程和产出之中的价值和社会因素，科技创新的道路就有可能开放给多方行动者进行反思、讨论和商议。

因此，从科研人员这一主体作为切入点来引介和探讨负责任创新的理论与实践，以负责任创新的理念作为框架来重新审视科研人员的责任问题，既具有学理意义，也具有现实意义。

第三节　负责任创新理念的兴起

近年来"负责任创新"①的理念在国外兴起，欧美各国不少学者通过撰写文章、举行研讨会、进行科研项目来逐渐阐明并建构其理论内涵，并

---

① "负责任创新（Responsible Innovation，RI）"与另一个相似的词组"负责任研究与创新（Responsible Research and Innovation，RRI）"在各种语境中常互通混用。本书在第二章中对这一情况有较为详细的说明。在当下的国内外文献中，都难以对两个词组内涵与使用上的区分，因此，此次的文献回顾中将涉及 RI 和 RRI 两种表达的文献都综合在一起，不另作区分和说明。

将之与现实中的科技创新及其治理活动相联系，设计并发展相关的实践方式。

负责任创新这一概念的明确提出最早可以追溯到 2003 年，德国学者托马斯·海斯托姆（Tomas Hellström）在《社会中的技术》期刊中发表了一篇题为"系统创新与风险：技术评估和负责任创新的挑战"的文章，通过分析系统创新的形式及其相关的风险，从技术评估和风险管理的角度提出"负责任创新"的框架来对系统性创新中复杂的技术和风险问题进行评估和管理（Tomas Hellström，2003）。海斯托姆的文章中提到"负责任创新"一词时，引用的是大卫·加斯顿（David Guston）在文集《美国研究型大学的商业化》中的一篇文章《商业化大学中的负责任创新》①里所提出的一个说法，叫"负责任创新中心（Center of Responsible Innovation）"，作为大学中的一个多学科交叉的研究机构，这样的中心可以作为连接公众需求与科学研究的桥梁，可以进行跨学科的 ELSI（伦理、法律、社会议题）研究（Guston，2004）。这两篇最早谈及"负责任创新"一词的文章，将该理念与风险管理、技术评估以及跨学科的 ELSI 研究联系起来，可以视为给新构建的"负责任创新"一语注入了最初的内容，也可以视为将科技的风险管理、社会影响评估、伦理社会议题和与公众的关联等问题相互关联起来置于"责任"和"创新"的视野之中来考察。

加斯顿与萨拉维兹（Daniel Sarewitz）一直致力倡导的"实时技术评估（Real-Time Technology Assessment，RTTA）"理念（Guston et al.，2002），即在科学技术研究的过程中，通过相应的机制来观察、讨论及影响那些嵌入创新当中的社会价值来塑造科技创新的走向，以及随后与 RTTA 一脉相承的"预期治理（Anticipatory Governance，AG）"概念（Guston，2014）——通过广泛地培养预见（foresight）、参与（engagement）及整合

---

① 海斯托姆 2003 年的文章中引用的加斯顿的文章为待出版，该文集于 2004 年正式出版。

(integration) 的能力来鼓励并支持科学家、工程师、政策制定者和其他公众来反思他们在新技术发展当中的角色——都是当下"负责任创新"理念的重要来源。加斯顿与萨拉维兹主导的"科学、政策与产出中心(CSPO)"和"社会中的纳米技术中心(CNS)"①就是加斯顿的"负责任创新中心"理念在现实中的体现。2013年,加斯顿及其CNS-ASU团队又承建了美国自然科学基金会资助的"负责任创新虚拟研究所(The Virtual Institute for Responsible Innovation,VIRI)",致力于构建一个倡导"负责任创新"理念的国际研究网络,来丰富和深入负责任创新的理论和实践;同时还发行了《负责任创新期刊》(*Journal of Responsible Innovation*),这份新的学术期刊为探索正在构建中的"负责任创新"理念,及其基于知识的创新活动和创新政策的应用提供了学术平台(Guston et al.,2014)。

　　21世纪第二个十年以来,欧洲各国学者围绕"负责任创新"这一理念召开了若干研讨会,并催生了一系列探讨负责任创新的概念、理论框架与实践的报告和论文集(Sutcliffe,2011;Owen et al.,2013a;Buzás et al.,2014;Pavie et al.,2014;Jeroen van den Hoven et al.,2014)。在欧盟层面,由于第七框架研究计划中的"社会中的科学"领域催生了作为欧盟研究计划中的政策用语"负责任研究与创新",该词语还成为了欧盟框架计划的后继者"地平线2020(Horizon 2020)"研究资助计划的重要理念和接替框架计划的"社会中的科学"的研究领域。因此,产生了一组相互关联的在第七框架计划资助下围绕"负责任研究与创新"的研究项目,包括探讨负责任研究与创新的框架、理论和经验的GREAT和Res-AGorA项目,打造RRI的全球合作网络的ProGReSS和RESPONSIBILITY项目,致力

---

　　① CSPO有两个相互关联的机构,分别位于美国首都华盛顿特区和亚里桑那州立大学(ASU);CNS是NSF资助成立的机构,也有两所,分别位于ASU和加州大学圣芭芭拉分校(UCSB)。

于促进 RRI 的不同行动者相互沟通的 RRI Tools 项目，促进年轻一代积极参与科学议题的 ENGAGE 项目，通过展览形式来促进公众参与 RRI 的 PIER 项目，以及在信息通信技术产业、神经科学研究、合成生物学研究等具体的科技创新领域中推进 RRI 的 Responsible-Industry 项目、NERRI 项目和 SYNENERGENE 项目。这些会议、文集和研究项目分别从理论上和实践上展示了"负责任创新"理念所涉及的从政策制定到公众参与活动，从理论反思到技术评估实践，从科学研究到技术设计与开发的广阔范围和丰富内涵。

自"负责任创新"理念提出以来，其相关的理论探讨和实践经验一直是并行推进、相互影响，并不是学者们先建构出一套完整的理论，然后依据其理论来设计操作的方法，也不能说完全是从既有的各种科技创新治理的实践中抽象出一套称为"负责任创新"的理论来。一方面，从各种风险管理、技术评估和公众参与的实践经验中进行反思，不断扩展和充实"负责任创新"的理论内涵；另一方面，以"负责任创新"的理论去探讨调整或者设计新的实践形式，两个方面不断交替。欧文和戈德堡 2010 年发表在《风险分析》上的文章《负责任创新：与英国工程与物理科学研究会进行的一项试点研究》（Owen et al.，2010）中，介绍并分析了英国最大的基础研究公共资助机构——工程与物理科学研究会（EPSRC）所进行的一项尝试，要求在申请项目资助时提交一份关于该项目的广泛的潜在影响及相关风险（包括环境、健康、社会和伦理方面）的"风险清单"，并称之为"负责任创新"环节。在这里，"负责任创新"涉及将新兴科技（例如纳米技术）的发展、对其广泛影响的理解和相应的治理之间的时间差弥合起来，使得能够"实时（real-time）"同步地调整科技发展的路径。这便包含实时技术评估（RTTA）及预期治理（AG）的理念，并通过 EPSRC 的创造性实践方式体现出来。

10

格伦瓦尔德（Armin Grunwald）在《负责任创新：集合技术评估、应用伦理学和STS研究》（Grunwald，2011）中，则是从偏向学理的路径来构建"负责任创新"的内涵。该文章指出，负责任创新建立在技术评估的传统之上，包含评估程序、不同行动者参与、技术预见等内容，将伦理学——尤其是关于责任的方面——的反思加入到技术评估的各种方式和流程中，同时还吸收了STS（科学、技术与社会）和STIS（科学、技术、创新与社会）研究的理论成果，认为伦理反思和技术评估乃是科技研发项目中不可或缺的部分，研究资助机构和科学研究机构都开始主动将伦理反思和技术评估整合到他们的工作中，科技研发的治理过程也向更多的行动者、更多的反思角度、新的机遇和可能性开放。

欧文、麦克诺藤和斯蒂尔戈2012年发表在《科学和公共政策》的文章《负责任研究与创新：从社会中的科学到为了社会的科学和与社会一同的科学》（Owen et al.，2012），从欧盟的科技政策中的科学与社会关系的角度回顾了"负责任创新"如何在欧盟的政策话语（discourse）中出现和逐步演变成型。这篇文章指出了"负责任创新"理念中包含的三个明显的特殊涵义，分别是对于研究和创新的目的以及如何使其导向"适当的影响（right impact）"进行民主化治理，亦即如何让科学为了社会（science for society）；围绕并在研究和创新活动中建立起预期、反思及协商的渠道，强调这些方式和渠道的整合和制度化，使其成果能够真正地具有反馈性，能影响到研究与创新及相关政策的方向，以及与社会一同的科学（science with society）；关注在研究和创新活动的具体情况中重新理解"责任"这一概念，将其视为包含不确定和不可预测的后果的集体行动。该文从理论上大致阐述了近年来关于RI/RRI（负责任创新/负责任研究与创新）的模糊理念的核心内涵。

随后在欧文等人主编的《负责任创新：在社会中管理科学与创新的负

责任突现》（Owen et al.，2013a）文集，以及斯蒂尔戈、欧文和麦克诺藤三人发表在《研究政策》的文章《构建负责任创新的框架》（Stilgoe et al.，2013）中，欧文等学者明确提出了负责任创新的一个四维度框架：预期-反思-包容-反馈四个维度的整合，将上文提到的各个方面的理论传统都融入这一框架中，并以此框架来重新阐释近年来在公众参与、技术评估、科技管理方面的一些创新性实践的意义，指出其对于负责任创新的贡献。

总的看来，近年来才兴起的负责任创新理念，在理论探讨和实践尝试这两条路上的研究双向开花、交相辉映。2014 年起正式刊发的学术期刊《负责任创新期刊》（JRI）作为探讨这一理念的主要学术阵地，从已经发表的文章中也可以看出类似的情形——既有从伦理、政策、技术评估等不同学术传统来进行的理论探讨，也有针对具体领域的具体实践如何体现负责任创新理念的阐述和评析，体现了明显的跨学科综合视角的学理探讨和实践经验互动的特点。

近年来，国内技术哲学、技术伦理和创新研究方面的学者对"负责任创新"理念的关注越来越多。2011 年赵迎欢的《荷兰技术伦理学理论及负责任的科技创新研究》（赵迎欢，2011），从介绍近年来荷兰学者在技术伦理学领域中所探讨的"价值敏感设计""元责任""情感可持续性""负责任的创新"等新概念入手，谈及了荷兰学者范登·霍文（Jeroen van den Hoven）所阐释的"负责任创新"理念的内涵，包括技术设计和开发过程中的价值关注，如可持续、安全、健康、问责、透明、人对自然的干预等道德和社会问题，也包括消费者、管理者、政府、投资人、非政府组织等各利益相关者的共同责任，还包括对实验、检验、评估、管理等各个环节负责。文章中称"负责任的创新"是研发人员伦理责任的基本约定，也是技术美德的集中体现。

晏萍、张卫与王前在 2014 年发表的《"负责任创新"的理论与实践评述》（晏萍等，2014）是国内较为详细的介绍"负责任创新"理念的文章。该文章将"负责任创新"与"可持续发展"两个理念进行对比，认为前者为后者提供了一个具体可操作的路径，前者是后者在当代的深化和发展。文章介绍了欧美学者对 RI 和 RRI 的若干种定义和内涵的阐释，详细阐述了欧文等人提出的四维度及每一维度下相应的一些常识性的实现方式，还介绍了在荷兰的鹿特丹港扩建工程和英国的平流层粒子注入气候工程项目这两个案例中是如何实践负责任创新的。

　　梅亮和陈劲 2014 年发表的两篇文章（梅亮等，2014a；梅亮等，2014b）中，将 RI 翻译为"责任式创新"，从创新管理的角度，将"责任式创新"视为一种创新研究与政策实践的新兴范式，因为其更倾向于重视技术创新与社会期望、社会价值的匹配。这两篇文章重点介绍了斯塔尔（Bernd Carsten Stahl）在 2013 年发表的《负责任研究与创新：隐私在一个新兴框架中的角色》（Stahl，2013）中所提出的关于 RRI 的"主体-活动-规范"的三维空间分析框架，以及上文提到过的欧文等人所提出的四维度框架，并将这些框架的各个维度作为启发性的视角，对我国战略性新兴产业——节能环保、信息技术、生物产业、高端装备制造、新能源、新材料——的责任式创新提出了初步的政策启示。

　　除了对相关的概念、理论、框架和实践进行引介和评论之外，国内学界还跟国外学者进行积极深入的合作与交流——由中国五所理工科大学（大连理工大学、北京理工大学、东北大学、东南大学、哈尔滨工业大学/华南理工大学①）组成的"科技伦理研究联盟"（简称 5TU）与由荷兰三所理工大学（代尔夫特理工大学、埃因霍芬理工大学、特温特大学）组成的

---

　　① （于雪，2013）中的 5TU 注明是大连理工大学、北京理工大学、东北大学、东南大学、哈尔滨工业大学；而（晏萍，2014）中写的 5TU 则是大连理工大学、北京理工大学、东北大学、东南大学和华南理工大学。

"科技伦理研究中心"（简称 3TU），从 2012 年起每年举行一次以"负责任创新"为主题的国际研讨会（于雪，2013；晏萍，2014）。5TU 的学者们用"负责任创新"理念对中国的科技创新模式和治理进行了探索和尝试，如"大连港负责任创新模式研究""大连高新园区负责任创新模式研究""沈阳高新技术产业园区负责任创新现状透析""江苏高新企业负责任创新模式研究"等（晏萍，2014），在具体的工业、技术和政策环境中实践负责任的创新。

第四节　科研人员的责任问题的演进

对科研人员的责任问题的探讨常常分为两块：一块是所谓的"内部责任"，包括科研的规范和诚信问题；另一块则被称为"社会责任"，往往讨论的是科研人员对于已经生产出来的知识和技术制品的应用和影响的责任问题。

在内部责任方面，科学社会学先驱罗伯特·K. 默顿（Robert K. Merton）早在 20 世纪四五十年代就提出了著名的"默顿规范"，用来概括科学家的共同精神气质和行为规范：普遍主义、公有主义、无私利性（或翻译为祛私利性）、有条理的怀疑主义，后来又补充了一条独创性（默顿，2003）。自默顿规范在 20 世纪四五十年代被提出之后，科学家和科学社会学家都对这套规范是否在科学的日常实践中得到过遵循一直有争论。科学研究中的不端行为时有发生，20 世纪 60 年代到 80 年代，大量的欺诈、造假等科研不端行为被媒体曝光，引发了社会公众的高度关注。各国的政府机构、科研管理部门以及科研界自身都越发重视这个问题，在查处和惩戒不端行为的同时，通过设立监管机构、制定规章制度和行为规范等方式来管制科学家的行为，并提倡科研诚信（research integrity）和负责任的研究行为（responsible conduct of research）。科研诚信所包括的内容：实事求是、不弄虚作假、信任、公正、尊重、规避和控制商业利益冲突和政治压力的影响等。（科学技术部科研诚信建设办公室，2009）对负责任的研究行为的一般理解包括受试者保护（当人或动物作为实验对象时有相应的法规和政策）、科研诚信（包括数据的处理、发表和署名的规范、师生关系、合作研究中的义务和责任）、环境与安全问题、财务责信（包括研究经费的使用和利益冲突问题）这几个方面（麦克里那，2011）。

在社会责任方面，英国学者贝尔纳（J. D. Bernal）著名的《科学的社会功能》（贝尔纳，2003）一书中就从科学事业与外部社会的关系、科学在社会中的地位来探讨科学家在面对国家利益、政治立场和军事动员时的责任问题。二战后，以牵涉曼哈顿计划的科学家为首，科学家以群体的身份主动参与到社会和政治事务中，在世界范围发起各式各样的和平运动。在这些运动中诞生了《原子科学家通报》、世界科学协会、帕格沃什会议等，通过召开会议和发布宣言等方式，来表明科学家团体在研究本职工作之外，也对科技成果的应用所带来的重大的社会影响——尤其是对世界和平与人类全体利益的影响——负有责任（莫少群，2003）。20 世纪 60 年代中期到 70 年代，生物技术和电子信息技术等科技成果的社会应用带来了新的社会责任问题，引发了科学共同体内/外关于科学家社会责任的热议，如生态环境思潮与环保运动，带来了关于科学家是否要为科技发展所带动的工业生产对环境的破坏负责、是否要对维护自然界的生态环境负有责任的讨论；对于重组 DNA 研究是否具有潜在的生物危害的讨论，引发了关于科学家对于科技的社会风险、人类进步、科学家的自我约束与立法控制等方面的责任的争论。（莫少群，2003；Mitcham，2005）

国内对于科研人员的责任问题的研究主要集中在"科学家的社会责任"这一命题之下，相关的讨论非常丰富。据《近十年我国学界关于科学家社会责任问题研究回顾与前瞻》（李科，2010）一文所做的文献回顾，相关研究主要可以归入以下三个方面：科学家社会责任问题的由来与发展，科学家社会责任的内涵，科学家社会责任的具体内容。

关于科学家社会责任的问题的由来与发展，莫少群、杨小华等学者以科技的发展及科技应用的社会效果的变迁为主线来梳理（莫少群，2003；杨小华，2006）；叶继红等学者将社会责任置于科学家职业的演化过程中、科学家的身份角色变迁中来考察（叶继红，2000）；马佰莲等学者联系到不同历史时期中科学家所享有的"学术自由""职业自由"和"责任自由"等不同的自由形态来谈社会责任问题（马佰莲，2008）。

关于科学家社会责任的内涵，龚继民、林坚、黄婷等学者认为应该按"科学家的良心"行事（龚继民，2004；林坚等，2006）；洪晓楠和王丽丽、蒋美仕和周礼文等学者区分了科学家在研究活动中的份内责任和对于他人、社会、法律和公德的其他责任（蒋美仕等，2002；洪晓楠等，2007）；卢彪、张春美、杨小华等学者则从伦理价值的层面来将科学家的责任视为道义上的观念和道德约束（卢彪，2001；杨小华，2006；张春美，2008）。

在科学家社会责任的具体内容上，李科总结了六个方面，分别是探寻科学真理，把握科学规律；把握研究方向，使科学造福人类；参与科学决策，影响政府行为；普及科学知识，唤醒民众参与科学；弘扬科学精神，反对伪科学，健全社会理性；重视科学教育，确保科学可持续发展（李科，2010）。

而魏洪钟则指出，关于科学家社会责任的研究首先应当澄清责任的主体，他认为讨论庞大的"科学家队伍"——不同研究方向的科技工作者，甚至是科学家与相关的工程师——这些模糊不清的责任主体，不如将讨论的主体限定在"社会中享有较高地位，对政府决策、社会舆论有重大影响，从事应用研究、熟悉应用后的正反面结果的科学家"身上，在国内则主要指院士。（魏洪钟，2012）如果承担责任的理由是减少科技的负面效应，其主体应当是"科技工作者"，他们熟悉自己的研究，可以通过研究工作和科学教育来防止自己涉及的科技产生负面效应。

尽管在"科学家社会责任"的命题之下，国内学者对于科研人员责任的探讨已经涉及了非常多的方面，不仅有从事研究的行为规范，也有对于科技应用的负面效应的关注，而且参与公众教育和相关政策决策的方面也涉及了，但大多仍然在研究诚信与社会责任的内/外二分框架之中。曹南燕在《科学家和工程师的伦理责任》（曹南燕，2000）一文中指出，科学家的责任蕴含在其掌握的知识和力量之中，科学技术不是价值中性的，现实中的科学家以及他们的研究活动都是有其特定的价值意义和社会后果，因此，对于科研工作的社会影响的关注，不是外在于科研活动本身的单独的"社会责任"，而是附属于科研活动之中的伦理责任。

第二章
负责任创新

第二章　负责任创新

第一节　时代背景

众多学者在 20 世纪的最后十年和 21 世纪初讨论了包括科技活动在内的整个社会的内在性质或是总体状况的转变。这种被描述的转变开始于 20 世纪的最后几十年,缓慢且深层次的变化延续到了世纪之交,并形成一种难以忽视且不可逆转的态势。

1998 年到 2001 年,足以载入史册的系列电影《黑客帝国》横空出世,其能风靡全球是因为有着深刻的社会和文化根基。该电影用通俗艺术所表现出来的一些主题深刻地反映了当代社会的一些普遍状况,故而能够引起大众的共鸣。例如,能源与环境危机、科技产物控制并创造着生活世界、系统的剩余积累所产生的不稳定性及其颠覆性的危机、全球的同质化、个体内心的空虚(不真实感),以及对真实和确定的不断质疑,借用《共产党宣言》中一句话来说,"一切坚固的东西都烟消云散了"。

有很多社会理论词汇被用于描述我们当下所处的时代境况,如后现代社会、后工业社会、风险社会、知识社会、信息社会等等。尽管这些各样的社会理论关注的是当下时代的不同侧面，不可否认的是科学技术在其中有着重要的形塑作用。

从 17 世纪的科学革命，到 18、19 世纪科技研发活动的体制化，再历经 20 世纪至今，尽管科学和技术的内涵、边界和实践都处在不断地发展和变化之中，但从观念上和生产制度上人们区分出了这个称为"科学技术"的专门领域。在领域之内，是我们称之为"科学技术研究"的事业，在这之外的整体，可以泛泛地称为"社会"。不论是认为社会在科技之外，还是科技在社会之内，或是把它们视为分别处于一条分界线的两边，科技与社会之间的相互对话、交流、影响和塑造都是值得关注的研究领域。

那么，科学技术是怎样塑造了我们当下所处的社会境况呢？社会境况又是怎样影响着当代的科技研究？我们对两者相互关系的理解又是怎样有益于我们形成目标、付诸实践，从而朝向一个拥有卓越的科学和繁荣的社会的美好未来？

关注科技与社会互动领域的 STS 学者们在过去的几十年中提出了诸多理论，从不同的侧面来描述这一时期内的历史演变。演变的总体趋势是科技与社会的互动正在变得越来越频繁和深入，随着科技不断遍布于社会的各个层面各个角落，科技研究活动也越来越难以撇开各种"社会因素"而单独被考虑。也就是说，社会的科技化与科技的社会化是双向并行的。从模式 2 科学、后常规科学、后学院科学等理论阐释中，可以看出科技研究活动中所交织缠绕着的这些"社会因素"，需要从更广阔的社会视角来看待科技研究，看待科技创新活动在社会中的需求和责任。

一、从模式 1 到模式 2

吉本斯（Michael Gibbons）等人在《知识生产的新模式》（吉本斯等，2011）一书中，提出了科学知识生产的"模式 2"概念。吉本斯等人用

"模式 2"这样一个指示性而非描述性的术语，想要概括的是当代科技活动的多方面的特征，与 17、18 世纪所形成的人们对于"科学"的传统观念——他们称之为模式 1——虽有关联，但已呈现出明显的区别。

吉本斯等人描绘知识生产模式 2 区别于模式 1 具有以下几个特征：在应用情境中生产知识、跨学科、异质性与组织多样性、社会问责与反思性、质量控制不局限于同行评议。模式 1 与模式 2 的特征对比可见表 2.1。

表 2.1　模式 1 与模式 2 特征对照

模式 1	模式 2
特定共同体的学术兴趣所主导的情境	应用的情境
基于学科的	跨学科的
同质性	异质性
组织上等级制并倾向于维持等级制	非等级化的异质性，多变的
内部自治，规范性	社会问责，反思性

资料来源：根据《知识生产的新模式》（吉本斯等，2011）中的文字描述绘制。

二、从常规科学到后常规科学

20 世纪 80 至 90 年代，福特沃兹和拉维茨提出用"后常规科学"这一概念来描述事实不确定、价值有争议、利害关系大且决策紧迫的问题情境中的科学研究（Funtowicz et al.，1991）。他们在风险评估模型中定性地区分出了三种类型问题的解决策略，在相互垂直的两个维度上分别是决策利害和系统不确定性这两项指标，指标由低到高划分了应用科学、专业咨询和后常规科学（图 2.1）（Funtowicz et al.，1993）。传统科学的应用可以在决策利害和系统不确定性都比较低的情境下解决问题。随着决策利害或系统不确定性任何一个指标的提升，问题的解决进入到专业咨询的领域，如医生、建筑师、工程师的工作。而当决策利害继续增加，或者系统不确定性增大，超出了专业咨询的一般情境，则可以称之为"后常规科学"。典型的一个后常规科学的实例是全球气候变化议题。

"后常规科学"的命名，来自于库恩的科学发展模型中的"常规科学"的说法。在库恩的经典著作《科学革命的结构》中，科学发展模式被分为四个阶段：前科学、常规科学、反常和危机、科学革命，后三个阶段交替轮回。常规科学是某一轮回中的成熟阶段，在这个阶段里，同一领域的科学家们有一个共同接受的范式，在这个范式的基础上界定科学工作的日常任务，即依照一套共同接受的提问方式和解题思路、方法来进行解谜题活动（库恩，2003）。常规科学生产出的知识质量即由认同这一套范式的科学共同体通过同行评议来保证。而在所谓"后常规"的问题情境中，常规科学范式中被忽略的不确定因素和对所负载的价值的择取凸显。进行研究的提问方式、研究方法和解题思路都不再是确定无疑的，而是可以质疑的。存在着不同的提问方式、研究方法和解题思路，选取其中的哪些来开展研究要依照不同的价值取向。由于素材和方法的取舍，研究所得出的事实存在着不完备性和不确定性。

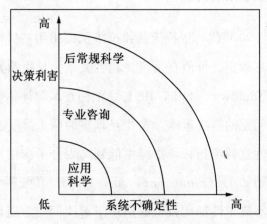

图 2.1 三种类型的问题解决策略

资料来源：由（Funtowicz et al.，1993）图翻译

后常规科学适用的问题情境主要是为了解决健康和环境的相关问题而进行的科学研究。这类情境将科学研究还原到充满复杂性和不确定性的自然和社会系统中，并且与人类的价值密切相关（Funtowicz et al.，1993）。

在为保护健康和环境的这一类议题提供解决方案的科学研究中，典型的特征是事实不确定、价值有争议、利害关系大、决策紧急。传统里关于"硬性"的客观的科学事实与"软性"的主观的价值判断这两者之间的二分在这里被颠覆了。常常是我们不得不基于无法弥补的"软"的科学依据来制定"刚硬"的政策决定。理性的政策决定经常要求必须有"可靠的科学"，但这一需求可能悄悄地隐藏着对研究结论和政策建议有决定性作用的价值选择。在此情况下，还希望科学以求真为目标是偏离重点的，甚至可以说是对实际任务的转移。我们所需要的不是科学知识够"真"够"确定"，而是要求科学知识的质量，即相关的科学信息如何更适用于当下的问题情境，并可以在这一具体情境中采用。

在此，需要对知识的不确定性和质量做一个区分。混淆不确定性与质量，认为不确定性的减少意味着质量的提升，是一种"天真"的观点。确定性低的信息或许有很高的质量。例如，不同研究者对喜马拉雅山区人均薪材消耗量的估计值相差将近 100 倍，但所有重大研究结果都表明喜马拉雅山上的森林采伐问题存在并且亟待解决。相反，高确定性的知识也有可能质量很低。例如，由于温室效应，科学家预测未来 40 年间地球的温度将平均上升 0 到 10 摄氏度。这一预测结果几乎可以肯定是真实的，但是在此范围内，真实结果的微小差别却关系到是否造成灾难性的后果，我们从这一预测结果中得到的关于现实世界的信息很少（冯拖维克兹等，2005）。

在现实的不同领域中对不确定性有不同的控制需求。因此，传统科学研究中通过控制变量、简化情境来获得的确定的知识也许并不能满足后常规问题情境中的质量需求。不确定性的减少有可能是以牺牲情境相关性为代价的。高质量的后常规知识需要的是确定性和相关性同时落在某个特定区间内。

而且，传统科学研究往往忽略在问题、路径和材料的选取中所负载的价值判断。然而在价值有争议的情境中，后常规科学需要考虑这些价值因素。研究中的价值选取会直接影响到知识的质量。所以价值也成了科学知识质量控制中一个新的标准。

在与传统科学理念相符合的常规科学研究中，同行评议能够保证科学知识的质量。科学共同体对于统一范式的认同，接受相同的学科训练，使得他们对价值、问题、方法、材料的选取趋于一致。而在后常规科学的问题情境中，接受专业训练的科学家们，要遭遇不同的价值取向，要面对不同的需求。不同专业的意见可能有冲突，专家与决策者之间的需求可能有冲突，专家、决策者与其他的利益相关者之间的需求、价值都可能有冲突。解决这样情境中的某一具体问题所需要的知识的质量，不仅仅取决于专家的意见，还要考虑到所有利益相关者的立场和需求。因此，专家共同体内部的同行评议不足以保证科学知识的质量。要提高科学知识的质量，就需要将各利益相关方的信息、价值、立场都吸纳到科学知识生产的过程中来。只有充分整合了这些相关因素的知识才是具体情境中高质量的科学知识。所以，后常规科学的质量控制需要一个"扩展的同行共同体（extended peer community）"，将所有受到该事务影响并愿意参与对话的人都纳入进来，经过充分的信息交流形成"扩展的事实（extended fact）"。扩展的事实不仅包括专家知识，还包括地方性知识甚至某些机密信息。不同种类不同渠道的信息以各种方式影响着科学知识的质量（Funtowicz et al.，1993）。

科学共同体划定了内行与外行的边界。在为科学限定的自由疆域之内，通过自身的诚信来保证其产出率。然而，科学知识的高风险（对外部的影

26

响力大）和不确定性（产出率得不到保证）打破了这一边界。内行与外行的边界被模糊了，从而自我管理的边界也模糊了。打破了自治的边界之后，扩展的同行共同体构成了一个模糊、流动的缓冲带。这个缓冲带的建立要求相应的政治组织形式，如听证会、共识会、焦点组、大众科学等，需要专家和政策制定者重新定位自己的角色，重新界定彼此的权责关系。例如地方专家和大众知识的出台，减缓了科技专家作为科学知识供应者的责任，这种责任部分地让渡给参与各方，包括吸纳知识形成证据的政策制定者。扩大的同行共同体相互制约，权利也重新分配，包括监督权（研究的某种透明度）、发言权（不同立场的意见）、批评权（开放争议）。

三、从学院科学到后学院科学

学院科学与后学院科学的说法来自著名科学社会学家齐曼（John Ziman）对于自 20 世纪 70 年代以来科学技术的社会组织与管理方式所发生的缓慢但剧烈的变化的描述与分析。他用"学院科学"一词概括这一变化之前的科学知识生产方式，这种模式以著名的"默顿规范"——公有性、普遍主义、祛私利性、有条理的怀疑主义和独创性——作为其理想化的精神气质。学院科学的典型代表是在大学的研究机构中所进行的以好奇心为主要驱动力、以追求"真理"为目标的"纯科学"研究。学院科学作为一个理想化的模型能够在一定意义上描述和概括自 17 世纪科学革命以来到 20 世纪 60、70 年代科学技术社会建制的总体特征。然而此后，科学研究活动随着社会经济的发展逐渐发生了本质上的变化，到 20 世纪 90 年代，这种变化已经显著到可以称之为一种新的知识生产模式。这种新的模式既保留着学院科学传统所留下来的痕迹，又加入了与学院科学并行但是精神气质上相互抵触的"产业科学"——其规范特质可以概括为所有者的、局部的、权威的、定向的和专门的——的特征，这种学院科学与产业科学的

混合建制，被齐曼称为"后学院科学"。（齐曼，2002）

从前，学院科学和产业科学是两种分立的社会建制。学院科学主要存在于大学和各种公共资助的研究机构中，秉持默顿规范的祛私利性，坚持科学知识的"客观性"和"价值中立"，故而科研人员不太关注科学的伦理问题。产业科学的实践主要是在企业和政府的研发实验室里，在这些机构里通常可以将与科技相关的伦理问题留给公司的其他人员来专门处理，因为他们对这些问题更为熟悉，处理起来更为擅长，科学家不需要去考虑。但是到了后学院科学时代，一方面学院中的科学家需要关心伦理议题，另一方面不像公司机构那样能够找到可以把这些责任转移出去的专门的对象——公司里的上司、法务人员等。而且很多后学院科学的研究机构是临时的异质性网络，例如根据某一具体的研究议题而组建的研究团队，当研究项目完成后即解散，重新投入到下一个跨学科研究议题中去，因而不能够像传统公司法人一样来承担某些伦理责任。由此，在20世纪90年代末，齐曼指出，后学院科学状态下的科研人员必须比以往具备更多的伦理敏锐性。（Ziman，1998）

四、从科学到研究

拉图尔（Latour，1998）发表在《Science》上关于美国科学促进会（英文缩写AAAS，Science的出版方）成立150周年的文章①中写道，自AAAS成立以来的这一个半世纪，科学获得了突破式的发展，但对于这一进步的理解却发生了戏剧性的变化。他用一句话来概括这种变化：从一种叫作"科学（science）"的文化转向了一种叫作"研究（research）"的文化。一般意义上，人们常常将"科学"和"研究"两个词联系在一起，称为"科学研究"。那么，拉图尔在这里所讲的"科学"与"研究"有什么区

---

① 被翻译成中文收入《我们从未现代过》一书的中文版（拉图尔，2010）作为序言。

别呢？他在文章中称："科学意味着确定性，而研究则充满不确定性；科学是冷冰冰的、直线型的、中立的，研究则是热烈的、复杂的、充满风险的；科学意欲终结人们反复无常的争论，研究则只能为争论平添更多的争论。"①

拉图尔从科学与社会的关系角度来区别"科学"和"研究"。在传统的观念中，科学与社会是可以区别开来的，他用一个桃子的模型来表示这种关系——科学是坚硬的果核，社会就像柔软的果肉一样将科学包裹于其中。社会对于科学的工作方法来说是外在的事物，对于科学的成果，社会可以接受也可以拒绝；对于科学实践所带来的效果，社会可以表示友好，也可以表示敌对。而如今的"研究"与所谓"社会"之间的关系却是纠缠在一起的，他以法国肌肉萎缩治疗协会通过募集资金支持分子生物学和人类基因组研究的事例来说明，知识、技术、资金、政治、人员、物资等各种因素难以割裂地蕴含在一项"研究"活动的过程中。他将这一项难解难分的"公共"事业称为"集体实验"。

虽然拉图尔使用"科学"与"研究"两个词来指看以往我们称之为"科学"的观念，但在拉图尔看来，即便在历史的早期，科学也不是跟社会截然二分的，但是这种各个异质性要素交织纠缠在一起的状况，会随着时间之矢的前进而逐渐变得愈发深刻，愈发难解难分。因此，我们不妨可以理解为，在当下的时代，"研究"的特征——不确定、充满风险、引发争议——正在愈发明显，愈发突出。"集体实验"的表述，也与包括了科学技术在内的多方参与的体系的创新活动，在意义上有了共通之处。

---

① 中文翻译引自（拉图尔，2010）一书的中文版序言，但对个别词语做了改动，将用来翻译 risky 一词的"冒险"改为"风险"，使得其与本文中的风险概念相呼应。

五、创新与责任

（一）创新、创新系统和科技创新

创新如今已经成为一个十分常见的词，在政策领域、经济发展领域、科学技术研究和开发领域经常被使用。甚至是日常用语中，我们也会经常提到创新点、创新思维、创新人才等。

作为一个在学术文本中使用的专有名词，创新来自对英文单词 innovation 的翻译。这个词来自经济研究领域：美籍奥地利经济学家约瑟夫·熊彼特（J. A. Sehumpeter）于 1911 年出版的《经济发展理论》一书中，将创新定义为现有资源的"重新组合"。例如，新产品、新的生产方法、新的供应源、开辟新市场以及新的企业组织形式（法格博格，2008）。创新与发明（invention）之间的区别在于，后者是指首次提出一种新产品或新工艺的想法，前者是首次尝试将这个想法付诸实践（法格博格，2008）。

创新与科学技术研究有密切的关系。从理论上说，现代社会经济生产中的新产品、新工艺很多都来自科技研发的成果。从事实上说，当 20 世纪 60 年代对创新的研究作为一个独立研究领域开始出现的时候，就是在"科学研究"或者"科学政策研究"的名目下进行的。尽管当时的研究成果表明，科学仅仅是决定创新成功的诸多因素中的一个，但不可否认的是，科学和技术是创新活动中一个十分重要的部分（法格博格，2008）。

20 世纪对于创新的专门研究已经表明，创新往往并不是一项独立的商业活动，从最本质上说，它是一个系统现象，是在不同的参与主体和组织之间不断相互作用下产生的（法格博格，2008）。一方面，发明和创新是一个持续的过程（法格博格，2008）；另一方面，创新在经济和社会变迁中起着重要作用（法格博格，2008）。故而，创新的旅程被称为是一项"集体成就"，需要来自公共和私营部门的众多"企业家"发挥各自的重要作用（法格博格，2008）。创新的这一系统属性在"创新系统"这一概念下得到了许多研究，描述并探讨与创新过程相关的各个影响因素，包括技术、产业、制度、政治、科研、人力等，以及这些不同因素之间的联结、交流和互动。

由此可见，无论在日常使用还是学术研究领域，"创新"都是一个普遍被使用并且含义宽泛的词汇，不再限定于最初在经济学研究领域中用来描述企业和企业家的生产和市场开发行为。创新是囊括了科技、经济、政治、文化在内的许多社会部门和建制的系统性活动，其中，科学技术研究和开发是这一系统性活动中的一个非常重要的环节。

本书将以"科技创新"一词来特指科技研发在这一系统性过程中起到至关重要或不可或缺作用的创新活动。

（二）科技创新带来的巨大社会影响

熊彼特很早就提出：创新在经济和社会变迁中起着重要作用（法格博格，2008）。基于科学技术的创新更是极大地塑造着人类所生活的世界以及在世界中生活着的人自身。在远古时代，人类诞生之初，尽管没有现代意义上的科学和技术活动，但是伴随着人类的先祖使用最简单的辅助器具获取食物，人类的手等身体机能才逐渐进化（Guston et al.，2014）。而人类文明历史进程中发展出来的各种生产和生活工具与技艺，在不同程度上塑造了人类的情感、文化和社会组织方式。

工业革命之后，人们也逐渐认识到技术，尤其是基于科学研究的技术是塑造世界的强大力量。当今世界，借助于技术的人类行为改造了自然：小至细胞分子机制，大至整个星球的天气系统，技术都能达及。正如尤纳斯指出的，技术创新改变世界的雄心已经能够延伸到时间和空间上的极大范围——波及全球，波及后代（尤纳斯，2008）。

正因为科学技术创新是塑造世界的巨大力量，人们对它寄予了很高的期望，希望能够借助科技创新来解决很多社会问题，由此建造一个美好的未来。例如，寄希望于科技创新获取更为先进发达的医疗手段来战胜各种疾病，延年益寿；解决饥荒、能源短缺、资源匮乏、环境恶化等问题，促进经济增长；获取更多的生存和发展空间、更为丰富的物资和新颖的产品，提高生活水平；消除贫富差距和文明冲突，维护世界和平。

然而人们改造世界的行动并不总是能够与美好的预期保持一致。很多时候，科技创新所带来的并不只是人们所乐见的结果，同时也会带来人们所不愿见到的后果。科技创新之"新"，就在于其难以预料和掌控的产出，既有可能解决很多问题，也有可能制造新的问题，还有可能在解决旧有问题的同时无法避免地伴随着新的问题出现。

（三）创新与责任

人们既然承认并享受科技创新所带来的经济和社会进步，那么也就应当直面科技创新造成的负面效应。而且创新也并不总是能够实现人们期望的目标。尽力去解决当下面临的重要问题，并尽可能减少人们不愿意承受的负面效应，这是人类进行科技创新并因此而改造世界的活动所应当负起的责任。

何以能够负责任？科技创新作为人类的活动及其成果，一方面在塑造和改变着人类及其社会生活；另一方面，也被人和社会文化所塑造。科学技术的发展深深地受到人类价值、偏好、选择的影响。人的兴趣、文化实践、制度结构共同影响着科技创新，这是一个复杂的机制和过程（Guston et al.，2014）。科学知识社会学（Sociology of Scientific Knowledge，简称 SSK）用许多案例研究揭示了在科学知识生产和形成过程中社会群体和价值之间的冲突、争议和协商所发挥的重要作用；技术的社会形塑研究（Social Shaping of Technology，简称 SST）描述了这些不同的群体、文化和价值的争议以及互动如何塑造技术产品的过程；而更为广泛的科学技术的社会研究（Science and Technology Studies，简称 STS）则不断展示着科技与社会各个领域之间的互动和共同进化，对科技政策以及创新系统的研究就更是建立在这种影响和互动的基础之上。科学技术并不是按照一套先天或者自主的逻辑在发展，人类可以依据自身的意愿和偏好对科技创新的方向和产出进行影响。

在接受了科技创新的社会性和可塑性的同时，还应当考虑到它的系统性和不确定性。熊彼特在他的论述中强调了创新过程的三个主要方面：第一，所有创新项目均具有根本的内在不确定性；第二，创新需要快速进行，以防后来者跟进，因此不能调研和评估所有信息再做出最优选择；第三，普遍存在于社会各阶层的"抵制新方法"的力量或者说惯性会对创新造成威胁和阻力（法格博格，2008）。

这三个方面的描述不仅适用于企业家所进行的商业开拓，也在某种程度上反映了当代科技创新的特点。

首先，创新内在的不确定性是创新活动的一个最重要的特征。当代科技研发活动的高度复杂性更凸显了这种不确定性。这种不确定性对于谈论科技创新中的责任有双面的意义：一方面，如前文所述，不确定性会使得科技创新带来人们所不愿接受的负面效应或者附带效应，由此造成了人们对创新活动蕴含着的风险的担忧，使得人们认识到不应当盲目追求创新，而要担负起避免或减少这些效应的责任；另一方面，由于这种内在的不确定性，人们无法完全预测和控制创新活动的效应和产出，同时也无法控制对创新活动的自觉地选择和影响行为的后果。因此，行动的责任包含着内在的矛盾，从而体现为一种审慎的责任。

其次，快速抢占先机是商业市场中将创新转化为经济回报的做法，这在当代高度发达与竞争激烈的科技研发活动中仍然是一个普遍存在的现象。在科学知识生产领域，科学社会学家默顿通过对奖励制度的研究展示了科学发现的优先权之争；在技术开发领域，从技术到专利的转化所带来的知识产权及相关经济效益，也凸显了快速抢占先机的特点。这一特点与审慎的责任之间存在着矛盾。是否创新就理应以放弃调研和评估各种信息，不去考量什么是最优选择，从而换取对于先机的抢占？是否采取一种审慎的态度和行动就会威胁到创新活动本身？对这些问题的权衡都是在探讨科技创新活动的责任时所要面对的。

再次，社会各阶层普遍存在着抵制新事物的惯性，由此熊彼特将创新视为创新者、企业家与社会惯性之间的斗争的成果。创新的实质是破旧立新，其本性中蕴含着不可逆的破坏的一面。换个角度来看待这种抵制创新的社会惯性，可以看到社会各阶层的价值和需求的表达。科技创新并不是自动的也不是盲目的，社会惯性的抵制力也可以成为创新活动的塑造力。创新者与社会惯性之间的对立斗争关系，可以转化为经过协商而共同进化的关系。实际上很多创新活动都是这样的协商与共同生产的成果。因此，如何以协商的方式来推进社会各阶层的需求和利益的表达，从而达到各方共同期待并接受的创新产出，便是探讨创新活动中的责任的一个重要议题。

第二节　负责任创新的理念和框架

一、理念的提出

"负责任创新（Responsible Innovation，简称 RI）"是近年来欧美国家学术界和政策圈兴起的一个概念。这个概念并没有一个得到一致认同的确切定义，并且时常跟一些相近的概念如"负责任研究与创新（Responsible Research and Innovation，简称 RRI）""负责任发展（Responsible Development）"　"负责任研发（Responsible Research and Development）"并提、互通、混用。这其中又以 RI 和 RRI 两个词组最为热门，大致上在英美两国使用 RI 较多，在欧洲大陆的欧盟各成员国使用 RRI 较多。这大概是由于：在英国，RI 理念的主要研究和倡导者理查德·欧文（Richard Owen）在他参与的相关政策文献、研究课题、发表文章和论文集中使用的是 RI 这个提法；在美国，学者大卫·加斯顿（David Guston）及其团队通过承建由美国自然科学基金会资助的负责任创新虚拟研究所（The Virtual Institute for Responsible Innovation，VIRI），并主编《负责任创新期刊》（*Journal of Responsible Innovation*）这本新发行的学术刊物，从而确定了 RI 这个用法；而在欧洲大陆，在尤瑞恩·范登·霍文（Jeroen van den Hoven）及冯尚伯格（Rene von Schomberg）等人的不断提倡之下，"负责任研究和创新"这个词组不断出现在欧洲 2020 战略目标以及 Horizon 2020 计划等政策和研究文本中，从而固定下来。

"负责任创新"[①] 这个概念既出现在政策文献中，也出现在学术期刊、文集、研讨会的文本中。它既是一个新兴的政策用语，也是一个学术界所关注的概念，或者可以说，这是一个政策与学术研究"共同生产"出来的一个词汇。可以看到，RI/RRI 概念的主要倡导者，英国的欧文、比利时的冯尚伯格、荷兰的范登·霍文、德国的格伦瓦尔德（Armin Grunwald），美国的加斯顿等人，都是同时在学术圈和政策界有门路和影响的人物。[②] 正因如此，这个词汇——没有一个得到所有人一致认可的确切定义——的模糊性，反而使其具有解释的灵活性，在某种意义上成为沟通学术界与政策圈的"边界对象（boundary object）"。据追溯（Owen et al.，2012），早在 2003 年，大卫·加斯顿就提出了在美国研究型大学建立多个"负责任创新中心"的想法，来进行多学科交叉的 ELSI 研究

---

① 由于 RI 和 RRI 含义接近并且在很多学术文献中经常互通、交替使用，所以下文中提到"负责任创新"概念时默认为包括 RI 和 RRI 两个词汇。

② 其实不妨说他们正在构建着一个"与政策相关的研究"圈子，这个圈子的研究来源依托于政策导向，其目标是对政策产生影响，但同时又需要并且谋求在学术圈的影响。

（Guston，2004）；德国学者托马斯·海斯托姆（Tomas Hellström）提出"负责任创新"的框架来对系统性创新中复杂的技术和风险问题进行评估和管理（Hellström，2003）。①

作为一个含义宽泛而模糊的理念，"负责任创新"融汇了最近几十年在科学技术的社会研究、科技政策研究、创新管理研究、科技哲学和伦理学等若干相互关联的领域的研究和实践成果。

20 世纪 70 年代以来兴起的科技伦理的几个分支——生命伦理、环境伦理、工程伦理、责任伦理、科研诚信——分别揭示了科技创新活动对人、自然、社会和科研活动自身所造成的各种各样的影响，以及由此引发的诸多问题、争议和担忧。贝克所提出的风险社会理论将这些问题联系起来，描绘了一幅由高度复杂的、与社会政治结构交织在一起的技术系统所带来的充满风险和不确定性的世界图景。

科技的社会形塑研究揭示了无论是科学知识还是技术创新的生产和应用过程，都包含着社会、文化和价值的因素，因此为了生产出更好的科技和构建出更好的社会，人们有意识地对科技社会互动生产的过程进行反思和改进。然而，技术发展的实践活动有一定程度的不可逆转性——当技术发展到一定阶段，与复杂的自然和社会因素咬合在一起，造成了所谓的技术锁定，很难对其进行改动。所以需要在技术尚未被完全锁定之前对其发展方向进行调整设计，对科技的早期介入、社会技术整合、价值敏感设计等都是在"趁技术未完全锁定就进行调整"的思想基础上发展起来的。

ELSI 研究源自 1970 年国际上关于基因研究的伦理、法律和社会问题的讨论。1990 年美国人类基因组研究计划 ELSI 部分是首次在国家支持的

---

① 尽管加斯顿的文章是在 2004 年出版的论文集中发表的，但是海斯托姆 2003 年发表的文章里提到"负责任创新"这个词组时引用了加斯顿的这篇文章（引文中标明该文集正在出版中），所以把加斯顿列在前面。

大科学计划中包含了人文社会科学研究的部分，它所带来的多学科交叉的视角、针对具体科学研究的反思、积极回馈实际政策的关怀，成为了随后对纳米科技、合成生物学、全球气候工程等诸多新兴科技进行社会科学研究的参考模式。新兴科技的 ELSI 研究所提出的关于科技与社会的互动、科学家及政府与公众的沟通协商的许多思考和实践，都成为了负责任创新理念构成研究的重要资源。

技术评估的理论和实践是负责任创新的另一个重要的来源。源于 1960 年的技术评估活动，通过对技术应用给自然、社会、经济、文化带来的影响进行预见性的系统分析和综合考量，为科技工程决策提供意见或者提出替代性方案。吸收了 SST、公众参与、中游调节等理论资源的建构式技术评估、参与式技术评估、实时技术评估等理论和实践，构成了负责任创新框架中的重要内容。

公众参与和介入（public participation，public engagement）以及治理（governance）是政治学与公共政策研究领域的概念。"治理"突出的是去中心化的、分散的网状权力分配和决策模式，与以政府为中心的"统治"模式形成对比。对科研规划、投资和技术应用所进行的各种公众参与和介入活动是政治决策民主化的形式。

在战略创新管理、创新研究（包括创新的民主化这些概念）和开放式创新这些领域的很多方法及其应用也对负责任创新理念的形成有相当重要的贡献，比如说，强调创新中用户的角色和创新治理机制的作用。

融合了上述诸多脉络的理论反思与实践经验的"负责任创新"这一套话语是伴随着世纪之交欧美等国家支持的大规模的纳米科技研究计划而兴起的。纳米科技的大型研究计划在政策层面的话语中将转基因作物研究在欧洲引发的巨大争议引为前车之鉴，特别提出要重视科技发展所关系到的明显和潜在的影响，强调社会对于科技创新的容纳和认可，也就是所谓

"负责任的发展"。近几年，"负责任研究和创新"在欧盟政策语境中成为显著的话语，也是由于诸如转基因作物、合成生物学、地球工程这些伦理上有争议的科技创新领域的管理成为重要的政策议题，随着人们逐渐意识到当今社会的科技创新将会在全球范围造成深远影响，这些都促使人们在政策层面来讨论和重新思考科学与创新政策的线性模式，科学的社会契约，以及以风险管理为主导的创新治理范式。在合成生物学和地球工程等新兴科技的发展计划中，倡导负责任创新的趋势愈发明显。

二、概念辨析

上文中曾提到"负责任创新（RI）""负责任研究与创新（RRI）""负责任发展"与"负责任研发"这几个词组经常被并提、互通、混用，可以将它们视为构成了一个正在形成中的理念的关联概念族。负责任发展和研发是早在21世纪初欧美等国的大规模纳米科技研发规划中使用的说法，在后来提及负责任创新理念的政策背景时经常被提到。之后使用得更为普遍的则是"负责任创新"及"负责任研究与创新"这两个词组。

"负责任研究与创新"主要是欧盟框架计划的诸多研究项目所使用的一个词组。早在2002—2006年实施的欧盟第六框架研究计划中，使用"科学与社会（science and society）"这个词组来涵盖一批关于科技的社会议题和公众参与科技治理的研究。而2007—2013年实施的第七框架计划中，"科学与社会"的叫法改为了"社会中的科学（science in society）"，更突出了科学作为社会整体中的一部分以及社会对科学研究的影响和容纳。在这期间，学者们又提出"社会中的科学"观念继续向"为了社会的科学（science for society）"和"与社会一同的科学（science with society）"发展（Owen et al.，2012），并提出"负责任研究与创新"这一词组来概括。在第七框架计划中就资助了一批从治理框架和不同层面的实施方式来研究

"负责任研究与创新"的项目。到了接替第七框架的地平线 2020（Horizon 2020）计划中，就直接采用了"负责任研究与创新"的说法替代"社会中的科学"。

实际上，"负责任研究与创新"这个相对于"负责任创新"来说稍显冗长的词组，是欧盟委员会（European Commission）和欧盟议会（European Parliament）双方在资助项目上的不同观念的相互妥协的结果。由技治主义者主导的欧盟委员会希望将"负责任研究与创新"还原到"社会中的科学"框架中，他们认为在创新和工业利益的压力下，应该让社会来适应科技发展。欧盟议会则相反，他们认为应该从社会的视角来考虑研究和创新的方向。双方相互妥协共同决策的结果就呈现在这个包含了经济角度的"创新"和社会角度的"研究"的"负责任研究与创新"概念中。（Alix，2014）

因此，不考虑政策博弈的妥协过程，"负责任创新"和"负责任研究与创新"的理念基本上是一致的，后者只是由于政治上的考虑要分别突出经济和社会两个方面才将"研究"与"创新"分别列出来，而前者将研究包含在创新的体系之中。

虽然"负责任创新/负责任研究与创新"有一定的模糊性，但是这个概念还是有其特定内涵的。不少文本中都有过对这个概念的内涵描述或者尝试性的定义。

斯蒂尔戈和欧文等人在反思负责任创新概念当中的责任的新内涵的基础上，给出一个非常宽泛的定义：负责任创新意味着通过当下对于科技创新的集体责任来关注未来。（Stilgoe et al.，2013）

对于 RRI 最有名的一个定义是由冯尚伯格提出的：负责任研究与创新是一个透明互动的过程，在这一过程中，社会行动者和创新者彼此相互反馈，充分考虑创新过程及其市场产品的（伦理）可接受性、可持续性和社

会可取性（desirability），让科技发展适当地嵌入我们的社会中。（Von Schomberg，2012）

范登·霍文领衔的欧洲 RRI 现状专家组提交给欧盟委员会的报告《加强负责任研究与创新的可选项》当中对 RRI 的界定是负责任研究与创新是关于开展研究与创新的各种途径，这些途径是让那些发起或者被牵涉到研究与创新的过程中的人们能够在早期阶段就做到以下几个方面：（A）具有相关知识来了解他们的行动会带来什么后果以及他们能够进行选择的范围；（B）用道德价值观（包括福利、公正、平等、隐私、自主、安全、国防、可持续、负责、民主和效率等）来有效地评估那些后果和各种选择；（C）将（A）和（B）的考虑作为功能性的要求来设计和开发新的研究、产品和服务。（European Conmission，2013）

由 MATTER 机构在 2011 年基于当年在欧洲各国召开的关于负责任创新的研讨会的讨论给出的《负责任研究与创新报告》中，从以下五个方面来描述 RRI：深思熟虑地关注研究和创新的产物，以实现对社会和环境的效益；从创新的初始到结束的整个过程中持续不断地将"社会"纳入进来，包括公众和关注公共利益的非政府组织；在进行技术和商业评估的同时，还要评估并有效地从当下和未来的角度对社会、伦理和环境方面的影响、风险和机遇进行优先等级排序；监督机制能够更好地预见并管理各种问题和机遇，也能够适应知识和具体情况的变化并做出快速响应；公开和透明成为研究和创新过程中不可或缺的组成部分。（Sutcliffe，2011）

欧盟委员会的 Horizon 2020 框架计划的网页上给出的 RRI 定义是：负责任研究与创新是一种进路，该进路对于研究和创新的潜在意涵和社会期望进行预期和评估，目的是帮助设计包容和可持续的研究和创新。（欧盟委员会网站）

综合考虑上述描述可以看出，负责任创新的内涵主要有以下几个方面：

（1）试图重塑一种科技创新的模式，与当下的创新模式有所区别。

（2）关注创新过程中的社会伦理方面，包括：①社会伦理因素如何塑造创新过程；②创新过程产物以及目标产物有哪些社会伦理方面的意义和影响。

（3）早期介入，实时评估。

（4）科技创新的各相关主体、行动者共同参与协商。

三、理论框架

（一）四维度框架

为了进一步阐释"负责任创新"理念的内涵，理查德·欧文、杰克·斯蒂尔戈（Jack Stilgoe）、菲尔·麦克诺滕（Phil Macnaghten）等人提出了一个包含四维度的框架。在欧文等人编写的《负责任创新》的文集中的第二章（Owen et al.，2013b），他们把这四个维度表述为预期（Anticipatory）、反思（Reflective）、协商（Deliberative）、反馈（Responsive）。而随后在 2013 年发表在《研究政策》（*Research Policy*）的一篇文章中（Stilgoe et al.，2013），他们进一步发展了负责任创新的四维度框架，对四个维度的表述做了一些调整，分别是预期（Anticipation）、自省[①]（Reflexivity）、包容（inclusion）、反馈（responsiveness）。

组成这个框架的四个维度起源于科学技术的新领域的公众讨论中生发出来的一组重要的问题。由于负责任创新理念希望将各个利益相关者及广大公众的价值、关切融入到科技创新的过程中，围绕着科技创新主题的各种形式的公众参与、对话活动就是获取公众意见和价值取向的途径。麦克诺滕等人（Macnaghten et al.，2014）对英国的 17 个与科技相关的公众对

---

① Reflective 和 reflexive 两个词的含义较为接近，上述学者在使用这两个词的时候并没有做专门的辨析。一般情况下，reflective 可以译为"反思、反思的"，而 reflexivity 经常被翻译为"自返性"，因为这个词包含着"回到自身"的特殊意味。在此，为区别这两个词，将 reflective 翻译为反思，reflexivity 翻译为自省，但本书的其他地方提到四维度框架时会沿用"反思"这个比较容易理解的词语。

话活动进行了分析，总结出一组公众普遍关注的问题，并把它们分别归类到与创新的产出（products）、过程（processes）或目的（purposes）相关的三组里（如表 2.2）。

表 2.2　向负责任创新提出的问题

与产出相关的问题	与过程相关的问题	与目的相关的问题
风险和收益将如何分配？ 我们能够预期到的其他影响是什么？	如何制定和应用标准？ 如何界定和衡量风险与收益？	为什么研究者要做他所做的工作？ 这些动机是公开的吗？符合大众的利益吗？
这些在未来将有何改变？ 有什么我们是不知道的？ 有什么是我们无法得知的？	谁是掌控者？ 谁是参与者？ 如果出问题了谁会负责？ 我们怎么知道做得对不对？	谁会从中受益？ 他们将获得什么收益？ 还有什么其他的选择？

资料来源：由（Stilgoe et al.，2013）中的表翻译

这些问题能够大致上反映对于科研和科技创新的社会关注和利益诉求，负责任创新希望能够将这些问题的思考和讨论整合到创新的过程中去。这四个维度的框架有助于提出、探讨并回应这些问题。

（二）预期

负责任创新理念中强调对于科技创新的"责任"的理解从一种回溯式（retrospective）的责任转变为一种前瞻式（prospective）的责任，即从关注责任的"归咎（imputability）"和"交代（accountability）"（Grinbaum et al.，2013）方面转向更为重视的"关心（care）"和"响应（responsiveness）"方面。因此，负责任创新必须要包含向前展望的维度。但是预期不同于预测（prediction），后者是根据已有的知识和信息尽可能准确地描绘将要发生的情形。对科技创新的预期，包含着跟技术预测的目的不一样的内容。加斯顿（Guston，2013）用体育锻炼来打比方：人们在健身房做各种运动，锻炼身体的各项机能，并不是为了将来有一天把这些拉伸或者负重的动作运用在现实生活中，其目的在于让身体能够应对各种不在自己

预测之内的突发情况。预期就跟锻炼类似，朝向的是不确定的未来。对科技创新的预期活动需要描述和分析那些在经济、社会、环境或者其他方面可能产生的各种效应，但是关键不是在于找到哪种描述是更准确的，而是探索、开拓，通过在各种可能性中畅游，让人们学会如何更好地在未来的新状况中生存，在技术上、社会结构上，以及个人心智上锻炼人们应对各种新状况的能力。因此，尽管预期着眼的是未来，落脚的却是当下，是要在此刻为不确定的未来做好准备工作。预期激励研究者和研究机构思考"如果……会怎样……""还可能有什么别的样子"等这类问题，去考虑创新过程中将会遇到的偶然性，同时也会激励人们去积极参与建造他们想要的未来。预期的维度提供一个空间使得议题得以浮现，探索那些可能的效应和影响，否则这些议题、效应和影响就可能不会被发现，或者很少被讨论。这就为对创新的目的、承诺、可能的效应等方面进行反思提供了一个有用的切入点。预期不可避免地包含着预测的成分，因此，在预期活动中总要面对的是预测跟扩大参与之间的矛盾，因为预测倾向于不断缩小可能性的范围呈现一个具体的未来情形，而吸收多种视角来扩大参与则是为了将未来向尽可能多的可能性开放。

公众的上游介入（upstream public engagement）和建构性技术评估（Constructive Technology Assessment）这两种方法都包含对可能和想要追求的未来进行预期性的讨论。还有一个模式叫"实时技术评估（Real-Time Technology Assessment）"，后来又发展为"预期治理（Anticipatory Governance）"的框架，囊括了预见、介入、整合等方面。各种各样的预见（foresight）、技术评估、远景扫描（horizon scanning）、场景规划（scenario planning）等方法也可以用于预期活动。需要注意的是，如果狭隘地理解并使用上述方法，有可能会落入技术决定论的窠臼。所以，应用这些方法的时候，尽量向不同视角、需求和可能性开放，维持参与者的主动性和多样化是很重要的。

各种预期实践需要挑选好时机，如果在科技创新过程中的过早阶段进行，人们对于特定科技活动还没什么概念，对于可能的产出、效果、影响都很难想象，这样的预期意义就不大；而如果在过迟阶段，就很难对创新过程进行有效的干预（Rogers-Hayden et al.，2007）。然而，在体制上和文化上对于预期可能是有抵制的。加斯顿就指出，科学家可能出于维护自治而有意识地抵制科技预期实践（Guston，2012）。

（三）自省（reflexivity）

与反思（reflective）相比，自省（reflexivity）更强调对自己的行为和状况进行思考、觉察甚至是采取相关行动[①]。负责任创新既需要行动者层面的自省，也需要制度机构层面的自省。制度层面的自省就像是把一块镜子放在一个人的面前，让他从镜子里观看自己的活动、承诺和预设，从而能够意识到在知识上的局限，并且要留意到自己对某些问题的特定理解并不是放之四海而皆准的。科学家在专业上经常会进行自省，波普尔（Karl Popper）认为这样的自我批评是科学的一项组织原则（波普尔，2005）。但是负责任创新所要求的并不仅仅是专业上的自我批评。韦恩（Wynne，2011）把基于责任的自省称为是一项公共事务，科学工作者、资助者、管理者以及其他与科技创新治理相关的机构都应该进行自省活动。与预期相类似，自省的意义更多也是作为一种能力的建设——一种把科学实践与更广泛的社会价值系统联系起来相互参照的能力。

团体的行为准则（Codes of Conduct，简称 CoC）或许对自省能力的建

---

① Owen 等人对这两个词似乎没有做区分，而是相互替代使用。在文集版的四维度框架里使用的是 reflective，在文章版里替换过 reflexivity 之后，并没有做解释。在文章版中引用了（Schuurbiers，2011）中的 "second-order reflexivity"，但是（Schuurbiers，2011）文章中的提法是 "second-order reflective learning"，全文中并未出现 reflexivity 一词。Owen 等人这么使用的来源是（Wynne，2011）对（Schuurbiers，2011）的评论文章中就用 second-order reflexivity 替换了（Schuurbiers，2011）文中的提法。

设有用。很多科学家、工程师、医师团体的行为准则中会有团体及其成员的社会责任的说明，带有行业自律的性质。近年来学者们比较关注在实验室层面来尝试建设自省能力，一般是由社会科学家、哲学家参与到实验室层面的科研工作中来进行。人文和社会科学学者进入到自然科学和工程研究的实验室中，尝试了多学科合作、培训、中游调节（midstream modulation）、伦理技术评估、访谈和对话等各种各样的方法（Berne，2006；Fisher et al.，2006；Doubleday，2007；Swierstra et al.，2009），给STS领域的民族志实验室研究带来了"介入转向（interventionist turn）"。他们的探索性研究实践表明，这些方式都有可能成为自省能力建设的工具——不仅是对科学和工程研究人员，也是对人文社科学者。

同时在行动者和制度机构层面建立自省能力，意味着对之前的道德上的分工（division of moral labor）重新进行思考。原先很多人，包括科学家在内，认为科学研究工作是跟道德无关的，即便科研中会包含价值取向，或者研究的产出会带来伦理方面的影响，也应该交由专门的伦理学家来发现、思考和解决这些问题。负责任创新的自省维度要求扩大或者重新界定科研人员的角色责任，使得"只需要做好本职工作"的角色责任与更大范围的伦理责任之间的边界模糊了。这就需要把具体科研实践放在一个大的科技创新治理过程中来考虑。

（四）包容

同是指向公众参与协商的部分，包容侧重于意见和视角的多样性，而协商（deliberative）侧重于不同意见和视角的沟通整合。负责任创新中的包容维度强调的是向与科技创新的利益相关者以及更广泛的公众开放对话和讨论，以此让社会的愿景和价值嵌入创新过程中，让创新的产出获得公众认可和接受，并且为社会需求服务。从政策制定者的方面来看，这是寻求与科技相关的政策和治理的合法性，以及民主政治的新方向的需求①。对于科学共同体来说，也需要各种与公众的交流和对话来重新获取公众的信任和支持，例如英国的"公众理解科学（Public Understanding of Science）"运动。而公众以及相关的社会团体也表现出对于科技创新及其政策的关注以及积极介入的态度。这当然与科技创新的过程和产出对社会生活产生的影响越来越广泛和深刻有关。欧盟所倡导的负责任研究和创新的理念中很重要的内涵是"为了社会的科学（Science for society）"和"与社会一同的科学（Science with society）"。从公众那里广泛的聆取、吸收各种愿景、目的、问题、困境，包容地将这些视角纳入集体性的协商讨论中，并以此作为科技创新过程和治理中的必要组成部分，便体现了科学"与社会一同"从而迈向"为了社会的科学"（Owen et al.，2012）。

在组织公众参与的实践方面最为活跃的是丹麦、荷兰等国家。丹麦技术管理委员会（Danish Board of Technology）将公众讨论作为技术评估的重要因素，发展出公民听证会（Citizen's Hearings）、共识会议（Consensus Conferences）等途径，在丹麦国会、政策制定者和公众之间进行沟通。这些方式传播到欧洲各国甚至世界各地。丹麦成为了最近十几年间使用广泛参与来评估新技术风险和社会影响方向的领跑者。荷兰在公众参与科技协商方面也进行了很多制度上的创新尝试，发展出了建构式技术评估（Constructive Technology Assessment，简称 CTA）、参与式技术评估（Participatory Technology Assessment，简称 PTA）、价值敏感设计（Value Sensitive Design）等若干理念。英国在"公众理解科学"运动的背景下也组织了很多和公众对话、公众参与的活动。（Sykes et al.，2013）

这些实践为负责任创新的包容维度积累了大量的经验，诸多理念和方

---

① 最近几十年在城市规划、管理、科技政策等各方面公众参与活动是对正式的代议制民主政治的补充渠道。

法都可以采用。而这些实践中所呈现出的各种争议和问题也是值得注意并吸取教训的。斯蒂尔灵（Stirling，2007）借用菲奥里诺（Fiorino，1989）提出的三分法——规范的、工具的、实质的——来分析赞成公众参与的不同动机。规范的动机指的是公众参与这种理念和形式本身就是应该的，是正确的，因为这体现了民主、平等、公平、公正这些价值理念。工具的动机指的是政府借这些形式来宣传政策，获取公众的信任，避免政策推行过程中遭受公众反对。而实质性的动机则指的是通过公众参与活动，的确有多样化的知识、多元的价值引入到决策过程中，这样可以产生更多的或许是新颖的政策选择。可以看到的是，上述多种公众参与实践一般都是由诸如丹麦技术管理委员会、英国专家资源中心（Expert Resource Centre，由于前身是 Sciencewise，简称 Sciencewise-ERC）这类半官方机构组织的，从参与人员的构成、活动方式、议程设置到成果展现方式都未有一定成规，而是由这些组织方来主导，所以难免会有成为工具性的过场形式的风险。负责任创新的包容维度需要公众参与活动，产生更多的具有规范性和实质性意义的成果，而不是停留在工具性方面。公众参与的过程本身也会生发出一些问题，例如，讨论过程中专家与外行之间的知识壁垒问题对于讨论效果的影响，讨论过程中突显出来的权威人物的作用，强调多样化的视角是否会放大差异和少数派的观点，讨论的结果是否能够对科技政策和创新过程产生实质性的作用。在最后这一点上，如果经过了诸多讨论，但是不能产生有效的影响，会对公众参与的积极性产生打击，让人们产生一种宿命论般的无力感，奉行犬儒主义的态度（Sykes et al.，2013）。卡龙等人（Callon et al.，2000）发展了一套评价公众参与对话的质量标准，包括"深度（intensity）"，即从多早开始有公众来参与，讨论的群体的构成得到多少关注；"开放性（openness）"，即群体的多样性和代表性；"质量（quality）"，即讨论的针对性和连贯性。而针对讨论产出的效用问题，也许还要加上"反馈性（responsiveness）"这条标准（Sykes et al.，2013）。

（五）反馈（responsiveness）

反馈维度从字面上看包含两个方面：回答（answer）和反应（react）。这一维度强调的是，人们不仅要预期，提出多样化的问题和视角，而且要在预期和包容的基础上进行自我反省，还要将反省的结果应用于实践，去影响科技创新活动的路径和方向。也就是说将上述几个维度落实到具体的政策或行动中。负责任创新理念的反馈维度体现在宏观层面是要让创新能够回应（be responsive to）整个社会面临的重大挑战；在微观层面是公众参与实践所提出的各种需求能够得到政策或创新行动的响应。负责任创新需要及时响应在时代发展中突显出来的新知识、新视角、新观点和新规范。这应当是一个以动态的能力进行互动的、包容的、开放的适应性学习的过程。反馈维度在负责任创新的框架中至关重要，甚至在很多时候是对很多活动的实质有决定性意义的维度。如上文所述，欧洲各国在公众参与活动上进行了很多的尝试、探索和形式创新，但是如果在政策和创新行为上得不到明确的响应，就会让各方参与者怀疑甚至是失望，这些实践也就难以为继。所以欧文等人在这个框架中特别强调反馈的重要性，把反馈（responsive）作为负责任创新理念中重构"责任"概念的两个新维度之一。除了作为新的责任观念的一个内涵之外，还需要制度化的反馈（institutional responsiveness）。麦克诺滕等人（Macnaghten et al.，2014）通过对英国科技治理中的行动者的经验研究，提出推进制度化反馈的几条影响因素：①审慎协商的科技政策文化环境，强调自省性学习和反馈性；②开放的组织文化环境，强调创新、创造力、跨学科、尝试和冒险；③顶级的领导能力，致力于公众参与、开放和透明，并代表公众的利益。从中可以看到，反馈性与自省的能力密切相关。

体现反馈维度的形式有很多，在政策中应用风险预防原则（precautionary principle），在研究开发中遵循特定的行为准则（CoC），将某些社会价值和需求嵌入技术标准中都有相应的途径。还有针对新兴科技的研发活动和产品上市采取相应的监管措施（包括法律法规、行业准则等），根据社会需求制定专题研究计划，增加治理的开放性和透明性的各种途径。策略性微小空间管理（strategic niche management，简称 SNM）（Schot et al.，2008）是一种不仅吸纳多样性，而且进一步在科技创新过程中培育多样性的方式。这种方式为新技术创造一个实验性质的微小空间（niche，在商业术语中翻译为"利基"），让技术、用户、监管策略在其中得以共同进化。新技术在投放到市场之前先在这样的微小空间中缓冲过渡，这就使得技术和社会在一个很小的范围内能够通过互动反馈来改进自身，相互适应。上文中提到过的价值敏感设计也能够作为一种体现反馈维度的方式，因为它强调批判性地分析技术和工程社会中的价值因素，同时积极主动地参与设计过程中的价值择取和塑造。

除了麦克诺滕等人提到过的文化、制度、领导力、公开和透明等因素之外，推进负责任创新的反馈维度还需要考虑科技创新的战略性政策中暗含（或明确指出）的价值、原则，而这些因素与不同国家地区的文化价值体系、政治经济发展总体状况、大政方针等有关。例如，美国的科技创新政策需要考虑如何保持世界科技的领先水平，发展中国家需要考虑如何追赶世界领先国家，近年来欧洲国家需要考虑如何使科技创新刺激经济增长。这些因素塑造和支撑着具体的政策行动。忽视这些背景性的政策动力，就不容易对政策产生实质性的影响。

（六）四维度的整合

上文分别阐释了四个维度各自在负责任创新框架中的意义及其实践方式。从欧美各国已经发展出的一大批实践方式来看，预期、自省、包容、反馈这些理念在科技创新及其治理中的意义和作用已经有了十多年的理论和经验的探索。负责任创新理念之所以建构一套包括这四个维度的框架，所要强调的是这四个维度的相互关联和整合。上述探索性的实践活动有的体现了其中的一个或多个维度（这四个理念本身得以实践当然也很重要），但是对于负责任创新这个目标来说，可能还不够。因此，就需要对整个科技创新体系及其治理架构进行调整，将四个维度从制度上整合到科技创新的整个过程中。这是一个重大的挑战，小到一项具体技术或产品的研发流程，大至全球科技创新治理体系，都可以根据"预期-自省-包容-反馈"这一套负责任创新理念进行重构。

这四个维度的理念本身就有相互呼应和需求的部分。预期通过畅想未来建设应对各种不确定性的能力，需要通过包容地参与和协商来扩充想象的空间和塑造表面合理性（plausibility），需要通过自省来将对未来的想象映射回当下现实，需要通过反馈来将预期作为塑造当下以及未来的真实行动。自省也需要对目标和效果的预期，需要包容的多样性视角提供立场的转换，需要反馈到行动中。包容地协商也是对科技创新的未来进行预期从而探讨各种目的和价值，需要参与者有自省的能力才能从多方立场的不同的争议走向协商，然后还需要将协商的成效反馈到塑造技术发展路径的行动中。而反馈是建立在预期、自省、协商的基础上。

然而，在具体的实践活动中，这几个不同的维度之间也可能存在张力，它们可能在一项具体的行动中分别指向不同的方向，这可能会带来新的冲突。因此，需要或隐或显地来平衡协调这些张力，这对于将负责任创新落到实处很关键。这也说明了从制度上保障一个整合四个维度的总体框架对于负责任创新的理念是很有必要的。

四、实践范例

接下来简单地介绍几个例子，他们分别反映了从项目资助、申请、研究等科技研发过程中的不同侧面去有意识地探索更为负责任的创新的方式。每个例子里都体现了上述四维度框架中的一个或几个维度。这些探索为将来负责任创新理念的实践积累了宝贵的经验。

例1：研发资助方向的公开讨论

英国工程与物理科学研究委员会（Engineering and Physical Sciences Research Council，简称 EPSRC）是英国国内各高校中纳米技术研究最大的资助机构。该机构在 2008 年组织了一次关于医疗健康领域的纳米技术资助方向的公众讨论，旨在通过讨论获取公众的意见，并结合研究人员、工业界代表以及临床医生的意见，来制订资助计划。研究人员、工业界代表和临床医生的意见综合起来，提出了六个可能的应用领域：用于诊断的纳米技术，包括在病人体内进行监控和体外进行分析两个方向；对病原体的环境控制，主要针对在物体表面检测并消除病原体的综合解决方案；关于再生医疗的纳米技术，主要指制造功能性的智能工程纳米材料，用于引导细胞互动和控制组织生长；药物输送纳米技术，把药物输送到难以到达的组织，以及一些新出现的药物的给药需求；"诊疗一体"的纳米技术，将诊断和提供疗法集成到一个自动化设备中。公众就这六大领域进行具体的讨论。讨论的结果显示：首先，在纳米技术的应用方面，关于医疗和健康的应用领域被认为是应当优先发展的，公众普遍比较支持在这个大的方向上进行资助；其次，人们希望这些技术的进展能够有助于更多地掌控自己的健康和生命，而不是越来越难以自己掌控；再次，人们也关注什么人能够从这些科技研发中受益，尽管从原则上人们并不反对商业和私人部门参与新技术的开发，但人们还是希望对科学的公共投资能够真的让公众受益。在上述可能的六大应用领域中，公众给出了一个希望优先发展的排序。排在第一位的是将纳米技术应用于对疾病的预防和早期诊断，对于严重的疾病进行更好的靶向药物输送排在第二位。"诊疗一体"的技术方向是科学家们很感兴趣并希望能够优先发展的，但是公众在这个方面最为担忧，认为这有可能降低人们对自己健康和生命自主权的掌控度。（Bhattachary et al.，2008；Jones，2008；Sykes et al.，2013）

在这个例子中，公众参与讨论可能的应用领域，体现了包容协商以及预期的维度；公众讨论的结果能够直接影响资助计划的决策，体现了反馈的维度；EPSRC组织这样的活动，科学家和企业界代表也参与进来，并根据协商讨论的结果进行了调整，体现了自省的维度。

例 2：科研申请中的风险预期

作为英国最大的基础研究公共资助机构，EPSRC 于 2009 年进行了一项负责任创新的尝试性实践。这一次是在将纳米科学用于二氧化碳的捕捉（固碳）和利用的领域进行科研资助。这个方向既涉及纳米科技，又涉及全球气候工程，这些都是对于环境、健康、社会有巨大影响并具有不确定性的新兴科技领域。EPSRC 要求该项目的正式申请书（从 20 份公开提交的申请中遴选出来的 10 份正式申请书）必须包含一份表格形式的风险清单。这份风险清单要求申请者对他们计划要做的研究的广泛影响进行反思，指出有哪些潜在的效应，对相关的风险进行定性评估。具体的要求包括：指出任何潜在的环境、健康、社会或其他方面的效应，或者创新过程中可能导致的伦理关切；为上述所有效应各提供一份定性风险鉴定书，包括与之相关的不确定性的级别（例如，效应 A：低风险，高不确定性）；认定项目中的何人将会负责管理这些风险。这是 EPSRC 首次进行这样的尝试。风险清单将会跟其他的申请材料一起提交给项目委员会进行评议。委员会在常规的主要标准（例如科学上的卓越和经济效益）之外，将这份风险清单的评价作为考察项目申请书的次要标准。提交上来的 10 份风险清单中，被指出的效应大多数都局限于合成、操纵纳米颗粒以及组装原型器件过程中暴露在纳米材料中对健康的影响，并且申请者对这些影响的评价大多是低风险、低不确定性，因为现有的措施能够很好地保护相关研究人员并处理废弃物，能够满足相应的风险管理。很少一部分提及对自然环境的潜在影响，而未来的社会影响则基本没有被指出。在项目的后续回访中，申请者表示，风险清单对于引发关于研究的广泛效应的意识和思考是一个很有用的工具，并且也是管理已知潜在风险的一种很好的方式。但是对于未知的和无法预计的长期效应，风险清单能起的作用就有限了。于是，部分申请者在计划书中提出让工程和物理科学之外的其他学科来帮助识别研究过程中突现的、广泛的环境和社会效应。他们提出了采用实时技术评估（RTTA）、建构性技术评估（CTA）、产品生命周期评估（life cycle assessment，简称 LCA）、公众参与等应对方式。（Owen et al.，2010；Owen et al.，2013）

如果说例 1 主要反映的是对创新的目的（purpose）进行反思，例 2 则主要集中在创新的产出（product）方面。项目申请中的风险清单通过对研究产出的风险预期，触发了申请者进行自省，他们提出了一些能够体现包容协商的应对方法。而对风险清单的评价成为审核申请计划的次级标准，体现了反馈的维度。

例 3：实验室内的微观调节

由美国国家自然科学基金会（National Science Foundation，NSF）资助的社会技术整合研究（Socio-Technical Integration Research，STIR），于 2009 年至 2013 年在北美、欧洲和东亚的 11 个国家的 30 个实验室开展了参与式研究。这些实验室的研究领域包括与纳米相关的物理、生物、化学、材料、医学、制造、生态毒理，以及生物技术、遗传学、合成生物学等。STIR 的项目设计是由人文和社会科学学者进入自然科学实验室，通过观察以及与实验室科研人员的互动交流，触发关于正在进行的研究的伦理和社会意涵的思考，扩展研究的决策空间。该项目是基于"中游调节

（midstream modulation）"的理论框架（Fisher et al.，2006）。在科技创新过程中，相对于制订和申请研究计划的"上游"和对研究产出进行监管的"下游"来说，在实验室中执行具体的研究课题和微观决策可以算是"中游"。中游没有上游的开放性和多种可能性，但是比上游有更为具体的研究和技术内容，而跟下游已经成型的产品相比，中游处于尚未确定的状态中，还可以进行选择和塑造。故而中游尚有不少可以进行调节的空间，但并不适用下游产品监管的硬性标准，而更适合于情境化的、灵活的"柔性"干预（"soft" intervention）（Fisher et al.，2013）。STIR 的参与者在进行互动交流的过程中，借助一种半结构式的决策框图（STIR protocol）（如下图），来讨论并思考研究的目的、产出和可选的技术方案，在推进研究工作的同时将关于环境、社会和伦理的考量纳入进来。（Schuurbiers et al.，2009）

机遇： 你正在研究什么？	考虑： 为什么你要做这项研究？
选择： 怎样用另外的方式来达到目标？	产出： 将来什么人会受影响？

图 2.2 STIR 决策框图

资料来源：根据（Owen et al.，2013b）的表及 STIR 项目内部资料绘制

　　实验室内的社会技术整合项目的主要目的是塑造学者和科研人员的自省能力。而在使用 STIR 决策框图的过程中，也有对产出的预期维度，以及在拓展可选方案时尽可能考量多种可能性的包容协商维度。STIR 参与者记录的项目中科研人员根据互动交流的结果对实验设计、研究方向、安全措施的调整，这些都体现了微观层面的反馈行动。在第五章中将会对 STIR 项目的具体情况进行更为详细的介绍。

第三节　责任概念的新发展

欧文等人（Owen et al.，2012）曾指出，对于负责任创新理念的倡导者来说，在理论上最大的一个挑战恐怕是对于其中的"责任"这个概念的重构（reframe）。而负责任创新理念蕴含着从未来导向的视角和集体的视角来理解责任概念，大概就是这一理念能够提供真正新颖的智识上的贡献。接下来分别讨论负责任创新理念在理论上对"责任"概念的内涵和视角两个方面进行的拓展：前瞻式责任（prospective responsibility）和共同责任（collective responsibility）。

一、前瞻式责任

格林鲍姆等（Grinbaum et al.，2013）所谓的前瞻性责任指的是"非对等的家长式责任"。但他认为责任从回溯到前瞻的变化是伴随着现代社会取代传统社会出现的，现代社会中非固定的角色责任以及后果论责任观就是前瞻性的。这两个方面的确是前瞻性责任的理论渊源。但是前瞻性的凸显则是由于知识的不完备和创新带来的不确定性——这一点正好是第二节里所描述的当下科技活动的突出特征。

创新是创造未来的活动，带来新事物，改变世界。创新是朝向未来的，所以与创新相关的责任也是朝向未来的，是对未来的责任。

为什么在现代社会要把责任和技术创新联系起来？西方社会从古代到现代的变迁，从与责任相关的主体的角度，责任可以归结为"从神圣团体到至高无上的个体"。古代西方社会的文化把世界视为一个神圣的团体，道德的基础是上帝指派给系统中各个个体的命令。遵守道德、正确行事就等同于在系统中扮演好自己的角色。个人行为的判断标准取决于他在等级秩序中的地位对他的要求。因此，判断行为对错的标准在本质上是道义论的，即相当于一个先在的规则。随着传统社会转向现代社会，"神圣团体"解体了，责任的含义也转变了，个人成为道德主体，可以自行决定做什么，并为其行为负责。工业社会有各种各样的劳动分工，个人会有多个不同的私人和公共角色。角色责任指完成个人在社会中嵌入的角色的职责，但这显然不够。阿伦特对艾希曼的分析指出，艾希曼的行为是履行作为一个纳粹军官的职责（duty），而这无法让其逃脱道德审判。因此，个人行为的道德意义让我们看到角色责任与更宽泛的责任之间的距离。某些职位并不仅仅是要去扮演角色，而是一个人从属于其中的职业，需要有职业判断。这些职业判断无法还原为固定的条规。与传统社会相比，现代个人的道德判断主要依据行为的后果而不是是否符合事先的规定。后果论道德哲学的典型是边沁的功利主义，而后果论推导出来的是，个人应该以其为社会带来的福利来评判其行为，要超越他所扮演的任何特定角色的基本要求。也就是说，个人直接对社会本身交代，不用对某个神圣或世俗的外在权威交代。于是可以用现在进行时或将来时来描述"负责"。道德主体要修正或无视事先的规定和预期。然而功利主义道德主体的一个问题是，为了对行为进行选择或判断，需要预见任何行为的任何后果，否则无法克服知识上的不确定性。这一点被称为"道德运气（moral luck）"。个人要负责决定何时预见足够了，何时必须停止讨论并采取行动。现代社会的特征是创新依靠科学知识。创新在本性上会生产无知，无知会损害人们负责任行动的能力，因为无法确定其行为后果的具体证据和标准。随着现代社会的发展，对某一创新造成的未来效应的无知，逐渐从例外变为常规。后果论伦理要求精确地计算行为所造成的后果，以此作为负责的证据，但随着现代技术创新的复杂性增加，不确定性提升，这种精确计算已经做不到了。（Grinbaum et al.，2013)

欧文等人（Owen et al.，2013b）指出前瞻性责任两个相关的维度分别是关注（care）和反馈（responsiveness）。这两个维度使我们得以反思科技创新的目的，澄清我们想要科技创新做什么和不做什么（关注的维度），并通过界定创新的目标以及创新的道路如何演化，反馈到各种不同的观点和知识中。

反馈是使得选择可以保持开放的关键维度，它是技术锁定和路径依赖的解毒剂。要一边不断发现，一边不断修正错误。不仅要对变化的信息环境做出反馈，而且很重要的一方面是，要反馈到公众、各利益相关者的观点、视角、框架之中。也就是说，需要有协商互动（deliberative）。这就将协商民主原则引入反馈维度之中。需要广泛进行这样的协商互动，不单单是寻求对于科技创新的各种目的和想要的产出的不同观点的理解，而且能够有助于建立新的议程来设定科技创新的方向。

支撑负责任创新框架的是责任的关注和反馈这两个维度。对比之下，负债、问责、归咎这几个责任的维度则是基于知识的，而且是回顾性地应用于事实发生之后。责任的这几个维度有很丰富的历史，在历史各个时期或多或少地指导和限定人们的行为，维持社会秩序的稳定。这种对等性的责任（尊重相互的权利，如果违反了法律就要进行问责）是基于同时代的人居住在相对靠近的环境中，而人们的行动很少会对世界大范围的产生不可逆转的效应。而当今科技创新的行动后果却不是这样有限。创新是一项充满了不确定性的、面向未来的集体活动，它使我们居住的世界变小了，变得相互依赖了，变得不确定了。所以之前占主导的、对等性的、后果论的责任观点就不够了。需要考虑非对等的、面向未来的责任。由此我们找到了关注的维度和反馈的维度，并以此作为 RI 框架的基石。在此对 RI 给出一个非常宽泛的定义：负责任创新是一项集体的承诺，通过对当前科技创新的反馈的责任来关注未来。

二、共同责任

科学中的角色责任概念存在两个主要挑战，这也是科研诚信的探讨所面临的两大挑战。一个是关于角色扩散的问题，一个是关于不可预料后果的责任问题。第一个问题是指现代社会中一个人往往身兼数个角色，而许多角色都是暂时性的，不是长久的社会角色，角色责任伦理在这种情况中，既有角色利益冲突问题，也有短视的问题。第二个问题是对不可预料后果的责任问题。由于科学对社会的影响越来越深刻，这种影响也愈发复杂，科学家们的研究在应用中会有难以预料的后果。科研成果的应用不仅仅是科研的问题，也是其他社会成员的问题。所以，责任需要包括科学共同体在内的广泛的社会行为网络来共同承担。（Mitcham，2003）

面对这些挑战对于角色责任的推进，米切姆（Mitcham，2003）指出了三种途径：第一种途径是我们必须接受角色责任的多元论，即如今每个人都有多重角色，主要的探讨在于如何处理角色冲突（role conflict）；第二种途径是以不可预料的后果来激励新的普遍伦理原则，以适应这个发达的技术科学世界，如预防性原则（the precautionary principle）等；第三种途径是将多元角色扩展和不可预料后果都考虑在内，推进一种关于技术科学责任的"角色-原则"对话。理查德森（Henry Richardson）在这一途径上提倡一种在一组行动者中共同承担的预见（forward-looking）的责任，即在角色责任中，不仅要考虑到遵循特定社会角色所体现的关怀来行事，还要考虑到社会历史条件变化的情况下，从普遍关怀本身（即追求善）来改变社会角色责任的要求。也就是说，我们在承担角色责任的过程中，还要反思角色责任所体现的伦理诉求，并考虑以什么样的方式来承担角色责任以体现这种诉求。这就使得对角色责任的履行从被动变为主动。这样既为科研诚信的伦理探讨打开了思路——朝向一种科学与社会协作的责任，因为社会支撑着科学，科学也支撑着社会，也给伦理学自身的发展以启示。

冯尚伯格也是共同责任观念的主要提倡者，他以此为基础不断在欧盟层面提倡 RRI 的研究与实践活动。他将共同责任的实现归结到四个方面的要求：一是包括个人反馈的公共讨论，二是各种超越个人的评估机制，三是制度的转变，四是预见和知识评估。（von Schomberg，2008）

第三章

科研人员的伦理参与能力

第三章　科研人员的伦理参与能力

　　上一章中介绍了"负责任创新"理念的内涵及其框架，可以看到，在以负责任创新为理念的科技创新治理框架中，科研人员这一主体由于其特殊的系统位置和知识储备而扮演着关键且重要的角色。这样一个特殊角色的责任是什么呢，有什么新的特点和要求？关于科技工作者的责任问题，自科学事业建制化以来就有所讨论；到了20世纪中后期第二次世界大战结束之后相关讨论尤为凸显；到20世纪后半叶，对于科研人员的"负责任的研究行为"和"科研诚信"的要求普遍地受到重视。与历史上所延续的相关议题相比，负责任创新框架下的科研人员的责任既具有一定的延续性，也具有当代语境之下的特殊性。本章聚焦"科研人员"这一主体，在回顾历史上关于科研人员责任的相关讨论的基础上，探讨负责任创新框架所赋予科研人员的责任的新内涵。本书基于负责任创新理念对科研人员的责任要求概括为"伦理参与能力"这一概念。

第一节　作为责任主体的科研人员

一、"科研人员"的概念界定

在讨论伦理反思能力之前，需要澄清一个概念，即"科研人员"，作为这个能力和行动的主体，科研人员的含义又是什么？在国际通用的英文中，"科研人员"对应的词是 scientists，即从事科学研究工作的人。中文一般把 scientists 翻译为"科学家"。但是在中文的语境中，这个翻译存在一定的意义偏移。因为中文语境中，"某某家"的用法，一般指的是在某某领域具有比较大的贡献、地位、声望或者影响力的人物，指的都是"大家"和"大人物"。当谈论这些"大人物"的角色、责任和行为的时候，并不能够作为该领域中的普遍人员的典型代表，往往是"大家"的行为的影响力会比一般人员更大，由此会有超出一般人员的特殊的责任。但是所要讨论的不是从事科学研究的人当中具有特别影响力的特殊一部分，而是更大范围的普通的从事科学研究的人们。当然作为具有特殊影响力的"大人物"群体在负责任创新体系中的作用或许会较为突出，但是需要考虑：第一，在当代科技研究高度分工的大环境中，"大人物"往往可能并不是一线科研人员，他们虽然与普通一线研究人员相比会具有较为开阔的视野和大局观，但是未必是能够直接地发现和捕捉到正在发生的研究活动的具体细微的作用和影响的人，也未必是能够对正在发生的研究活动进行直接决策和行动的人。第二，在当代科技研究快速变动的环境中，"大人物"与普通人员之间的角色地位可能随时在不断地转换，"大人物"未必能够维持其特殊的影响力，而一般人员通过其创新活动或者某些偶发的机缘，在某个特定事件中具有超越一般的影响力。因此，与其关注已经具有较大影响力的特殊地位的大人物群体的特殊责任和伦理意识,不如关注一般人员的责任和伦理意识状况。第三,负责任创新的一个重要内涵是面向未来,"大人物"的影响力往往是由于过去已有工作成就的积累而获得,而一般人员的科研工作正是产生和塑造未来研究方向和研究成果的主力,同时,未来的"大人物"也将会从这些一般的科研人员当中产生。这是从"大家"和一般"人员"之间的区别来明确本书关注的主体"科研人员"的内涵。

这个概念还有一个方面的内涵也是值得指出的,那就是"科研"的"研"。对于这一群体还有一个常用的词组是"科技工作者"。在此选用"科研人员"而不用"科技工作者"是想突出"研"这个动词。科学技术学学者拉图尔有一句非常著名的论断:在过去一个半世纪里,我们已经从科学转向了研究。本书在第二章第一节中已经阐释了这一转变的含义以及拉图尔用"科学"和"研究"这两个词语所表述的不同状况。正因为当今科技研发活动(只能权且用这一个宽泛的词语来指曾经是"科学"而当下是"研究"的这个活动领域)更多地具有不确定性、复杂、多变的特征,会带来更多的风险,而负责任创新理念乃是生发并立足于此种境况,故而本文所探讨的伦理反思能力的主体也正是在这种境况当中的科"研"人员。

接下来讨论一下"科研人员"这个词语的外延。如上所述,当代科研活动的不确定性和跨界性,会导致身处其中的人员身份经常处于流动和变动之中,因而外延的界定存在一定的困难。社会很多部门和机构都会开展科技研究活动,人员在这些机构之间相互流动,在流动过程中身份也会变动。而外延的核心包括:在高校或者政府及企业的研究机构内从事研究活动的人,但一部分从事工程和医疗活动的人也会直接参与科研活动,可以尝试以在学术期刊上发表文章的署名人、专利和发明(软件、试剂盒等)的署名人来作为外延的主要标志。

二、科研人员作为责任主体

责任（responsibility）一词尽管常用，但是它的出现却较晚。作为抽象名词的"责任"一词的出现至今不超过 300 年。其词根是拉丁文的 respondēre，意为"承诺回报"或"回答"，大概是用于指在犹太-基督-伊斯兰这三大同源宗教的传统中的一种原始体验——人类接受或不接受的来自神的召唤（Mitcham，2005）。牛津词典将这一英文词追溯到 1787 年《联邦党人文集》中关于美国宪法的辩论，讨论代议制政府乃是对人民负责。其他现代欧洲语言中的相应的名词也大致在 18 世纪晚期出现（Williams，2014）。而在哲学和伦理学中"责任"成为重要的研究内容，则是 20 世纪后半叶的事情。这些研究可以大致归纳为三条进路：应用伦理学，包括对于职业责任、全球责任、学术责任、技术责任、企业责任的探讨；以分析哲学的方法来探讨道德责任与自由意志和决定论的关系等形而上的理论问题；从德性伦理的层面对亚里士多德的道德责任观进行现代诠释。（郭金鸿，2008）

技术哲学家卡尔·米切姆（Mitcham，2005）指出，责任概念在法律、宗教和哲学领域的兴起和发展都是随着工业革命之后现代科学技术的发展所带来的议题而来的。例如，在民事法律中的"无过错责任"概念（no-faulty liability，或者 strict liability，严格赔偿责任），在 19、20 世纪的很多判例中都与工业生产或技术制品引发的"非自然"状态所造成的损失有关；天主教神学家理查德·内布尔（Richard Niebuhr）关于"作为回应者的人（human-as-answerer）"的责任伦理学探讨就与生态伦理学相关思想一致；而在哲学领域，英美分析哲学语境中与责任相关的探讨是对于科学技术为主导的思维方式所提出的挑战的回应，欧陆现象学传统则试图去研究技术实践的丰富却问题重重的复杂性。

"责任"观念与现代世界的民主、平等、追求个人利益的秩序有深层次的内在关联。

责任一词的基本含义包含两个方面：一方面是主动地去做某一行动，如"负责""职责"等词语中的意思。在伦理学中的范畴，称之为"道德责任"，与"道德义务"及"道德使命"等含义有相似之处，基于内心的认同和信念的驱使来履行外在的行动。（夏伟东，1993；徐少锦等，1999）另一方面是被动地牵涉到已经发生过的行为或活动当中去，如"问责"等词语中的意思。这个方面的道德责任主要指对于行为所引起的有益或有害的后果（偏重于过失及不良后果）进行认定和评价。（宋希仁等，1989；朱贻庭，2002）

德国哲学家赫费（Otfried Hoffe）在回应尤纳斯的"责任原理"概念的《作为现代化之代价的道德》一书中，开篇就辨析了责任概念的三种内涵以及相互之间的关联。赫费指出前两种内涵分别对应于上述主动与被动的两个方面，分别是做某种行动，对追究进行陈述。而他所指出的责任的第三种内涵——被惩罚，进行赔偿或弥补——则是从第二种追究责任的含义中延伸出来的。由此说明这三种内涵在逻辑上的优先顺序：首先是有行动的职责的范围，这是首要的责任；在职责的范围之内才能够追究责任，这构成了次要责任；而进行惩罚又需要在追究之后能够确认"渎职"才有意义，所以是第三级的责任。（赫费，2005）

不管是主动的方面，还是被动的方面，责任内涵的核心都在于行为的主体（通常是人）与行为及其结果之间的关系。（曹南燕，2000）这三重关系如右图所示。

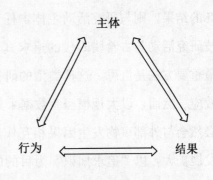

图 3.1　责任内部结构关系示意图

主动方面和被动方面的区别在于：前者的这一关系是应然的和潜在的，后者的这一关系是实然的和外显的。再细分，这一关系又可以区分为两重：第一重是主体与行动之间的所属关系，即某一行为确实是归属于某个主体的——这个方面会引向关于主体的意志与行动的自由方面的讨论；第二重是行动与结果之间的因果关系，在承认行为主体的自由意志的前提下，这往往是责任行为与责任追究的最关键的因素。由于行动与事实之间的因果关系的复杂性，导致了关于责任的讨论也是很复杂的。

探讨从事科学技术活动的主体的责任问题，关键在于界定研究活动是否是对事物具有因果力的实践行为。这就关系到科研活动的本性之界定。在近代科学诞生之初期，对于科学知识的价值就有两种辩护途径：一种是基于柏拉图主义的传统，认为科学知识具有其内在价值，也就是说科学知识本身就是一种目的，是善。科学研究是对于这种纯粹的知识——真理的追求。另一种是培根主义的途径，认为科学知识具有外部价值，即可以被人们利用来达到某种知识以外的目的。在前一种途径中，由于知识本身具有内在价值，对知识的追求即为善，那么就可以对知识（本身是好的）与知识的应用（可能好、可能坏）做出一个区分。假设知识与其应用之间可以做出一个明确的区分，那么追求纯粹知识的研究活动就是一项好的行为。至于应用已有的（本身即是好的）知识来进行的实践活动所导致的或好或坏的结果，则与研究活动主体责任无关。但是需要注意的是，现当代的科技研究活动与古希腊时代的追求真理有很大区别。在古时候，追求真理的最重要方法是沉思，这种类型的研究活动基本可以不对外界事物产生因果效应。然而，以大规模经验数据采集和干预实验为基础的近现代科研活动，必然会与外部事物发生因果相互作用。随着科技活动之规模和范围的不断发展扩大，以"追求知识"为目的的活动已经影响到了许许多多的人与事物，这就构成了不可忽视的具有因果力的实践行为，这就在研究活动的主要目的之外，生发了另一个方面的责任。第二种途径，由于知识只具有外部价值，那么研究活动或者具有好的目的，或者具有坏的目的，或者是价值中立的（不好不坏）。知识与知识的应用之间无法做出明确的区分，科研活动必然会导向某种实践行为，因此，活动的主体则需要对此种后果负有责任。

第二节　科研人员责任的新内涵

一、科研人员的责任问题在历史上的讨论

回顾科研人员的责任问题在历史上的讨论，可以从两条线索追溯：一条是关于研究的规范和诚信问题，另一条是讨论科学家（scientists，由于惯例维持这个翻译，在不同的语境中分别有一般科技工作者和著名的"大家"的不同含义）的社会责任。这两条线索侧重不同，但也互有关联。

近现代科学发展的早期，一种有代表性的观点是启蒙主义的视角，认为科学就是对真理的追求，这在本质上就是有益于社会的，由此科学家最主要的责任就是去追求并不断扩展他们的学识。浪漫主义思潮对于科学认识论和工业实践的批判对上述启蒙主义的科学家责任的观点有所质疑，但是这些思想上的质疑在科学家当中没有什么影响。（Mitcham，2005）总体上来看，在 20 世纪之前，对于科学家的社会责任问题的讨论是比较少的。

对科学家的社会责任话题的关注和讨论，一方面，伴随着 20 世纪科学自身的发展以及科学所支撑的技术对经济、军事、政治的影响扩大而来。英国学者贝尔纳在其发表于 1939 年的著名的《科学的社会功能》一书的绪论中就明确指出了这方面的因素对于科学家态度的影响："过去 20 年的事态……使科学家们深刻地改变了他们自己对科学的态度……"（贝尔纳，

2003）这些事态包括逻辑学对于数学基础的动摇和重建，量子力学的创立，生物化学和遗传学的发展等，"这些都是在科学家们个人一生中相继迅速发生的变化，迫使他们比前几个世纪的科学家们更深入得多地去考虑他们自己的信念的根本基础"（贝尔纳，2003）。另一方面，则是战争使得知识直接被用于为军事目的服务，经济危机让科学进展受阻，法西斯主义的迷信和野蛮行为等社会因素带来的影响（贝尔纳，2003）。国内学者莫少群（莫少群，2003）将 20 世纪初至二战前这段时期的科学家的社会责任问题讨论的基本论题总结为科学事业与外部社会的关系及科学在社会中的地位，而争论的焦点则表现在科学家面临战争形势如何处理其科研活动与政治立场、国家利益及战争动员之间的关系。科学家的责任是为国家利益服务，还是反对战争、维护和平？又或是视战争的目的而定？

以曼哈顿计划为代表，第二次世界大战中科学家大规模参与到军事武器的研发过程中。核武器所展现出来的巨大和可怕的力量，使得科学家及其研究工作对政治、社会和人类历史的影响力前所未有地表现出来。核武器的开发和使用，虽然加速了战争的结束，但同时也导致了灾难性的破坏，人们更是担忧它的不当使用可能带来毁灭世界的危险。因此，科学家对于核武器的研发，始终抱有道德上的矛盾心态。战后，以跟曼哈顿计划相关的科学家为首，在世界范围发起各式各样的和平运动，这是科学家以群体的身份主动参与到社会和政治事务中。这些运动中诞生了《原子科学家通报》、世界科学协会、帕格沃什会议等，通过召开会议和发布宣言等方式，来表明科学家团体在研究本职工作之外，也对科技成果的应用所带来的重大的社会影响——尤其是对世界和平与人类全体利益的影响——负有责任。（莫少群，2003）

20 世纪 60 年代中期到 70 年代，随着生物技术和电子信息技术的突飞猛进，新的科研成果应用于社会中带来了新的问题。这些新的问题又引发了科学共同体内外关于科学家社会责任的热议。这一时期的两个标志性事件，一个是由卡逊（Rachael Carson）的《寂静的春天》一书的出版，所引发的生态环境思潮与环保运动，这关系到科学家是否要为科技发展所带动的工业生产对环境的破坏负责，或者是否要对维护自然界的生态环境负有责任；另一个是 1975 年阿斯拉姆会议上，分子生物学家对于重组 DNA 研究是否具有潜在的生物危害的讨论，以及随后引发的关于科学家对于科技的社会风险、人类进步、科学家的自我约束与立法控制等方面的责任的有关争论。（莫少群，2003；Mitcham，2005）

在科学家的行为规范这条线索上，最著名的当属"默顿规范"，即科学社会学的奠基人默顿概括的科学家的共同精神气质和行为规范——普遍主义、公有主义、无私利性（或翻译为"祛私利性"）、有条理的怀疑主义，后来又补充了一条独创性。默顿规范并非某个具体科学研究团体的明文训诫，而是默顿通过对于科学的社会组织与功能的研究总结出来的制度性要求。这套规范能够有效地控制科学研究中的投机和不端行为，从而保障科学知识的质量。虽然没有明文规定，但默顿认为这是内化于科学家团体中的精神气质。从这个角度看，科学家的责任就在于遵循这样一套规范，生产出高质量的科学知识。

然而，自默顿规范在 20 世纪四五十年代被提出之后，科学家和科学社会学家都对这套规范是否在科学的日常实践中得到过遵循一直有争论。科学研究中的不端行为时有发生，大量的欺诈、造假等科研不端行为被媒体曝光，引发了社会公众的高度关注。各国的政府机构、科研管理部门以及科研界自身都越发重视这个问题，并开始提倡科研诚信（research integrity）和负责任的研究行为（responsible conduct of research）。我国对于负责任的研究行为的界定包括："坚持客观性，对科学真理负责；坚持人道主义，对人类负责；坚持社会公正，对社会负责；坚持可持续发展，对

生态环境负责。"(科学技术部科研诚信建设办公室，2009)

美国学者斯丹尼克等（Steneck et al.，2007）在一篇回顾美国负责任研究教育的历史的文章中总结到，自从 20 世纪 70 年代末 80 年代初科研不端行为暴露在公共视线以来，有大约十年的时间，美国的科技政策界和科学共同体并未重视对于普通科研人员的负责任研究行为的教育。当时人们普遍关注的是如何界定、发现、调查和惩处科研不端行为，因为大家还普遍认为不端行为在科研工作中是罕见的，大部分科研人员通过一般的学科训练都能清楚如何规范、负责地去从事研究，整个科学共同体依然保持着一个较高的道德水准。然而，随着科研不端行为的持续出现，科学共同体也终于意识到有必要通过专门的教育方式来向全体科研人员宣传负责任的研究行为，增强诚信和责任意识。因此，从 1989 年美国医学会（IOM）发布的一份名为《健康科学中的负责任研究行为》的报告开始，美国的负责任研究行为的正式教育就得到了重视并逐渐发展起来。美国的国立卫生院（NIH）和自然科学基金会（NSF）都通过相关政策来推动负责任研究行为的教育和培训。

尽管防范和惩处科研不端行为和倡导、推进负责任研究行为紧密地关联在一起。但是从历史的发展来看，科学共同体和科研管理部门通过政策和教育体制的建设来倡导负责任研究行为，相比之前仅仅关注对于不端行为的查处和惩戒来说，是有一定的进步意义。从认为不端行为是罕见的例外、科研人员普遍具有较高的道德水准，到积极地反思科研活动当中的种种问题，通过教育的方式来明确和提高科研人员的责任意识，便是此种进步意义的体现。

负责任研究行为包含哪些内容？对科研人员提出了怎样的责任要求呢？美国公共卫生署（PHS）对于负责任研究行为教育的政策要求中提出的九个核心领域（PHS，2000）颇有代表性，这九个领域包括：

①数据获取、管理、分享和所有权；

②导师与受训者的责任；

③发表和署名；

④同行评议；

⑤合作研究；

⑥以人类为研究对象；

⑦涉及动物的研究；

⑧不端行为；

⑨利益和承诺中的冲突问题。

从这九个核心领域来看，负责任研究行为的教育重点关注的是所谓"科研活动本身"，即从如何保障准确、可靠的研究成果（关于数据处理和研究对象），如何维持科研生产的质量控制和共同体关系（关于同行评议、合作研究、利益冲突），这些方面来说明科研人员的责任，这与默顿规范的内涵是一脉相承的。

与上文所回顾的历史上关于科研人员的社会责任的讨论相比较而言，负责任研究行为所强调的重心是科学的"内部责任"。这种科学研究活动的"内/外"二分法暗含的是 20 世纪中叶以来的"科学的社会契约"思想，即在科学与社会的其他部分之间划出一条界线，界线之内是科学知识生产活动，在这里，科研人员们以内部的同行评议的方法来进行自我管理，并保证源源不断地生产出有利于社会的科学知识，从而换取社会对于科学活动的公共资助和不干涉。

然而，随着时代的发展，科学与社会的关系也发生了重大的变化。第二章第二节中所介绍的模式 2 科学、后常规科学、后学院科学和"研究"等概念，从各个不同的方面来描绘当今科学与社会不再能够界线分明，而是复杂深刻地交织在一起。科研活动的内外之分在一定意义上也受到了冲击。

在这样的时间变迁之中，负责任研究行为教育对于科研人员的责任所包括的内容也有了发展。国际上广为流传的负责任研究行为指南——美国科学工程与公共政策委员会编写的《怎样当一名科学家》，在其第二版中有专门章节介绍"科学的社会基础"和"社会中的科学家"。在其第三版导言中更是明确指出，科学家不仅对同行、对自己有义务，而且还有服务公众的义务。该书第三版的最后一章谈论社会中的科学家问题时，举了美国科学家盖斯顿作为落叶剂的发明者如何不断争取禁用这一有毒化学品的事例，并引用他的话说："我本以为，只要不参加任何不好的研究项目，就可以避免牵涉到科学对社会有害的后果中来。但后来才知道没那么简单……唯一的办法是让科研人员一直参与，直到彻底解决问题。"（美国科学工程与公共政策委员会，2009）

我国科技部科研诚信建设办公室所编写的《科研诚信知识读本》当中，谈到负责任研究行为时，也包括了对人类、社会和生态环境负责。（科学技术部科研诚信建设办公室，2009）

二、科研人员责任的新内涵

从上文对于负责任研究行为的回顾中可以看出，作为对科研人员的研究工作进行基础教育的理念，负责任研究行为所关注的核心仍然是"科研内部活动"中所应当履行的责任。随着时代变迁，负责任研究行为的教育理念也在发展，逐渐地超越科学与社会的"内/外"分界，将科研人员的社会责任也包括进来。

与之相比，负责任创新这一新的理念更是站在模式2科学、后常规科学、后学院科学等STS理论的基础上，将科技创新视为包括科技、政策、

74

产业、大众社会等诸多方面互动的复杂系统。传统意义上的科研活动，则是这一复杂系统当中的一个环节，不再能够清晰地与其他领域进行划界，而是通过各种不同的方式与其他各个领域关联在一起。

欧盟委员会网站上关于 RRI 的一段介绍就很明确地展示了这一多主体的系统的视角：

> "负责任研究与创新意味着社会行动者（科研人员、公民、政策制定者、商人、第三方组织等等）在研究和创新的整个过程中共同作用（work together）以便更好地根据社会的价值、需求和期望来调整创新的过程和产出。"（欧盟委员会网站）

由此看来，与负责任研究行为的框架相比，从负责任创新的框架下来聚焦科研活动，使得科研人员的责任问题的视角得到了拓展，不再是从科研人员作为行动主体来看其角色中所包含的责任，而是将责任视为创新治理体系中的各个主体联合起来的共同责任。

此外，从责任的内涵来看，负责任创新的理念相对于负责任研究行为的框架也有所拓展。在负责任研究行为的框架中，责任大多是既定的：对于科研人员从事研究活动，应该有哪几个方面的责任（如上述 PNS 政策中提出的九个核心领域），在某些方面要遵守什么规范，提出了具体的原则或要求（如人类受试者和实验动物福利方面的具体规范）。这些责任要求都属于回溯式的责任（retrospective responsibility）或者基于规则的责任（rules-based responsibility）。而负责任创新理念框架中，由于强调的是不仅要负责任地去创新，而且要创新地去负责任，更为侧重于前瞻性的责任（prospective responsibility）和基于价值的责任（value-based responsibility）。这与负责任研究行为相比，也拓展了责任的内涵。比方说，负责任创新理念认为科技活动有责任解决当前社会面临的一些难题，如生态危机、环境污染、人口、经济、就业等问题。这些难题中有一些其实就是科技发展所带来的。当下科技需要向着解决这些难题的方向去发展，同时又尽量避免带来新的或更大的难题。既然是创造性的前瞻性的责任，仅仅符合既有规则的要求就不够了，因为创新有可能带来一些既有规则所无法处理的问题，科研人员有责任去超越甚至创造新的规则。

正如本书第二章第三节中所阐释的，负责任创新的理念，蕴含着对于责任概念的新发展，一方面是从回溯式的责任转变为前瞻式的责任，一方面是从落实于单个主体的责任，转变为多主体的共同责任。这种前瞻式的、共同的责任，也就成为了负责任创新框架下科研人员责任的新内涵。

第三节　新框架下科研人员的伦理参与能力

负责任创新理念对责任概念的更新和拓展，对科研人员的责任意识和行为提出了更多的要求。在当下时代，科研人员要怎样去履行前瞻性的、共同的责任呢？笔者尝试用"伦理参与能力"这一概念来概括负责任创新框架对于科研人员的责任的新的要求。

伦理参与（ethical engagement）这个词原本来自欧盟第六框架下的DEEPEN 项目（Deepen Ethical Engagement and Participation in Emerging Nanotechnology），该项目的意图是以整合而非学科分离的方式来探究新兴的纳米技术所引发的伦理议题，并找出能够让社会公众和纳米科学界能够共同参与伦理反思的方法，也为伦理方面的理解如何结合到科研实践和政策架构提出建议（Horizon 网站，2014）。这方面的工作正是负责任创新的理念和实践发展过程中比较重要的一个来源。

胡明艳在其博士论文《新兴技术的伦理参与研究——以纳米技术为例》

中就借用"伦理参与"这个词组，将"伦理参与"作为一个理论上的概念，来概括近年来欧美国家面对新兴技术给社会带来的各方面挑战，从伦理反思、政策治理、科技研发到公众行动等多个方向所进行的理论探讨和实践尝试。这些"伦理参与"行动的特征在于"结合 STS 对科学发展的研究成果，以'责任伦理'的理念为导向，通过各种协调机制和程序，让伦理的维度参与到新兴技术发展的实际过程之中，以便共同应对（新兴）科技发展给人类带来的巨大不确定性风险"。（胡明艳，2011）可以看出，新兴科技伦理参与的理论和实践都包含在负责任创新理念的框架之中，甚至可以说是负责任创新的核心部分。

胡明艳博士所描述的"伦理参与"景观与负责任创新一样，都是综合性的总体视角。回到本书所聚焦的科研人员的视角来看，科研人员作为负责任创新系统中有重要作用的行动者，也应该具有"伦理参与能力"，积极主动地参与到对科技活动的社会潜在利益和风险的预期，参与到对自身科研活动的价值和影响的反思，参与到各方利益相关者的公共协商讨论等实践当中，并将这些实践的思考和成果反馈到自己当下的科研工作当中来。

这些看似超出"科研本职工作"之外的更多的要求，并不是让科研人员成为独自运用"科技的力量"来应对一切社会问题的超级英雄，甚至也不是让科学共同体来成为担当此重任的"英雄联盟"。负责任创新是整个科技创新体系中的各个利益相关者的共同责任，而不仅仅是科学共同体的共同责任。因而，科研人员需要的是以"参与"的方式来履行这些责任，需要的是参与负责任创新的伦理能力。

一、伦理实践

作为一门学术领域的伦理学（ethics），指的是对人们的道德生活和道德行为的研究。非学究意义上的伦理（ethic）一词，则常常与道德

（moral）含义互通，指的是人们生活中进行好坏对错的价值评判的规范维度。当我们说某一事物具有伦理意涵或者与伦理相关，通常意味着会评价某个行动是否应当，其造成的结果是好是坏，或是维护或是违反了某种特定的价值取向。在古希腊亚里士多德的伦理思想中，伦理一词与主动的、有目的的行动联系在一起，甚至亚里士多德所用的"实践（praxis）"一词就特指人的具有伦理意义的行动。近现代以来，古代传统中以探讨怎样去追求幸福生活为重心而行动的伦理学，被以探讨如何维护社会生活的共通规则的伦理学所取代。此时"伦理"一词往往就侧重于强调如何用规则来限定各种行动，规范变成了禁止，评判变成了批判。在价值日渐趋向多元的社会中，在公共领域强调"守住底线"，将追求幸福留给个人自由，这是充分可以理解的。然而，在当下时代，科学技术的发展将世界中的人和物越来越紧密地联结在一起，人们很难在划定基本权利边界之后，互不干涉地去自由追求各自的幸福。各种实践行动，不论是单个人的，还是小群体的或是大集体的，都是在共享的并且是有限的资源条件的基础之上来实施的。人们终归是在最根本的意义上"共同生活"的。科学技术创新活动，恰好就是人们共同生活的共同事业的最佳证明。在这样的境况下来谈"共同行动"的价值评判的伦理，并不是说要消除多元的价值取向，让所有人来塑造一种整齐划一的价值评判标准——这既是不能接受也是不能实现的，而是说要大家来对话、协商，在既有的领域减少伤害，对创新所开辟出来的未知领域去投身参与，塑造共同但并不单一的幸福追求。

在这个意义上，负责任的创新就是一种朝向幸福生活的伦理实践，科研人员在负责任创新的框架下进行的科研行动及其他行动，就正是其"伦理参与能力"的"伦理"维度的体现。

二、参与协商

在负责任创新的理念框架下，对科研人员来说，"伦理参与能力"中的

"参与",意味着作为创新系统中的一个主体,作为共同责任中的一分子,发挥主观能动性,参与到协商治理体系中,包括参与相关议题的公共讨论,参与修改或形成新的规范,参与到应对问题的创造性研究行动中。

米切姆指出(Mitcham,2003),"共同责任"可以通过以下两种活动来履行:一个是公共辩论(public debate),一个是技术评估(technology assessment)。公共辩论体现的是与科学相关的重大社会问题,需要信息的公开和充分的传递,每个人都有义务参与辩论,承担责任,从而民主地形成决策。让单个人去为集体行动的后果负责,既是不道德的,也是不理智的。技术评估一方面可以平衡效率,另一方面也为社会不同领域的沟通提供一种途径。细致多样的技术分析与评估不仅仅是由科学共同体来提供,也需要经济、政治等各方面的技术评估意见。

也就是说,科研人员至少可以通过参与科技相关问题的公共辩论和包括技术、经济、政治、伦理等多角度的科技评估活动来与创新体系中的其他行动者一起履行"共同责任"。

米切姆(Mitcham,2003)还提到作为职业团体的科学家共同体(此外他还提到工程师团体)在"共同责任"的方向上,可以在三方面有所行动:一是职业发展,提倡科研人员与非科研人员的互动整合,塑造角色责任和共同责任;二是科学教育,即推进公众理解科学;三是公共政策,科学家参与到公共政策中,可以更好地理解科学研究及其应用对社会的影响,并主动承担这些影响。

事实上,不少个体或群体的科研人员都曾经作为科技顾问参与公共政策制定,以及参与科技方面的大众交流活动的经历。例如,20世纪80年代中期从英国兴起并扩展到世界各地的"公众理解科学"运动,就是由最知名的科学家联合体——英国皇家学会倡议发起的。问题在于,在早期的公众理解科学运动中,虽然科研人员意识到并履行了帮助公众来了解科学知识的责任，让科学知识进入公众的视野和社会生活中，但是公众的意见、需求却没能够对科研活动有任何影响。21世纪之后，身处公众理解科学运动中科研人员开始逐渐意识到"不仅要对公众说话，而且要听公众说话"（Sykes et al.，2013）。2000年英国上议院科技委员会在一份题为"科学与社会"的报告中指出，由转基因作物、疯牛病、核能发电等议题引发的激烈争论，动摇公众对于科学的信心，因此与公众的对话（dialogue）应该成为政策制定和科学研究的一个常规的、整合的部分，并对科研人员个体发出号召：

> "科学是由诸多个体来实行和应用的；不论作为个体还是作为职业群体，科研人员都肯定会有道德和价值取向，也必须允许且真正期望让这些道德和价值观念通过他们的工作及其应用得以实现。只有澄清研究中的价值取向，吸纳公众的价值和态度，才能赢得公众的支持。"（Sykes et al.，2013）

此外，在"伦理参与能力"概念中，还有至关重要的一个词是"能力"。能力包括两个连贯的方面：一个是意识，一个是行动。负责任创新的四维度框架中，"预期-反思-协商-反馈"所对应的不是四个不同的步骤或程序，而更适合理解为四种能力。能力首先意味着觉知，有相关的知识和意识，了解应该是什么样子，随之而来的便是根据这些意识去行动。

总之，由于责任概念的拓展，负责任创新理念对科研人员提出了更多的要求，本章尝试用"伦理参与能力"概念来概括之，并作为全书的核心概念，"负责任创新框架下的科研人员伦理参与能力"，指的是科研人员能够积极主动地参与到对科技活动的社会潜在利益和风险的预期，参与到对自身科研活动的价值和影响的反思，参与到各方利益相关者的公共协商讨论等实践当中，并将这些实践的思考和成果反馈到自己当下的科研工作当中来。

第四章

科研人员伦理参与能力现状：
基于访谈的案例分析

第四章 科研人员伦理参与能力现状：
基于访谈的案例分析

　　第三章从理论上探讨了负责任创新框架下，科研人员伦理参与能力的重要性和理论内涵。本章则是基于现实情况，来分析具体境况中的科研人员的伦理参与能力是怎样的状况，有哪些相关的条件、因素影响和塑造了这样的状况。由于伦理参与能力是一个相对新的考察视角，因此，并没有现成的经验材料能够直接反映当下大多数科研人员的伦理参与能力状况。由于具体的科研实践活动有诸多的差异，包括学科差异、方向差异、方法差异、科研人员在研究项目中的地位差异等等；而且伦理参与能力当中的前瞻性、能动性是基于不确定的知识和尚未明确的范围而确定。因此，考察现实当中的伦理参与能力比较适合用定性分析而不是定量评测的方法。综合上述情况，本书将35份对科研人员的访谈资料——这些访谈是作者在所参与的两个与科研人员的伦理和责任问题密切相关的研究项目中进行的——作为案例来对科研人员的伦理参与能力的现实状况做初步的分析。尽管35份访谈资料对于庞大的科研人员群体来说不具备普遍的代表性，然而，这些材料所反映出来的情况具备一定程度的典型性（尤其是在中国的具体环境中），从而有助于分析与科研人员伦理参与能力相关的影响因素，为探索改善科研人员伦理参与能力的条件和提升科研人员伦理参与能力提供参考。

第一节　材料来源与分析框架

一、材料来源

本章所要分析的材料主要来自于 35 份访谈数据。受访者全部进行匿名处理并按照"受访者 1，受访者 2，……受访者 35"进行了编号（见附录 A）。访谈数据由两部分构成。

第一部分包括受访者 1 至受访者 15，共 15 份，是笔者在参与由美国自然科学基金会资助的"社会技术整合研究（STIR）"项目（在第五章中对 STIR 有详细介绍）时，于 2012 年 5 月到 7 月，在北京国家纳米科学中心某实验室进行观察和交流，在这一过程中对参与合作的 15 名科研人员进行了访谈。受访者从事的研究领域包括物理、化学、生物、医学、材料等领域。其中有研究员（正高职称）1 人，助理研究员 1 人，博士后 1 人，博士研究生 5 人，硕士研究生 7 人。访谈采用半结构式，平均用时 1 小时左右。提问主要围绕以下三个方面展开：受访者的研究内容和活动概况；受访者的研究对人、环境以及更广泛的社会可能有哪些影响，可能的安全和风险问题；受访者对于跟外行及公众交流的态度和体验。访谈大多没有进行录音（只有对受访者 1 的访谈进行了录音），而为现场笔录，并由笔者随后进行了文字整理。

另一部分包括受访者 16 至受访者 35，共 20 份，为 2014 年 7 月笔者参与中国科协资助的课题"科技工作者科研伦理意识调查"，在武汉和北京两地进行的访谈（其中受访者 33 在上海，由访问者通过网络通讯工具进行远程访谈）。此次访谈是为设计"科技工作者科研伦理意识调查问卷"所进行的前期调研，受访者的选取并无严格标准，而是大致关注生命科学（含医学）和环境科学（与工程）这两大领域。受访者分别在 3 个城市的 13 所科研机构进行研究工作。他们的研究涉及生物、材料、医学、环境科学等领域。受访者均为具有博士学位或多年从事科研工作的资历较深的研究人员。访谈采用半结构式，平均用时 1 小时左右。提问主要围绕着如下三个方面展开：受访者的科研及成果在应用中可能对人体、动植物和生态环境存在潜在风险，个人的反思和困扰；单位、个人和国家如何处理和规范这些风险和不确定性，个人的评价及建议；受访者对本领域的伦理问题、风险沟通、公众参与、社会争议、科学家责任、伦理环境前景的看法及建议。详细的访谈提纲参见附录 B。20 份访谈都进行了录音，其后根据录音整理为文字稿。

在第二部分的访谈中，大多数都是以受访者简单介绍和描述自己的研究工作的内容开始的。所以，两份访谈的方向在以下几个方面大致是重合的，即关于科研人员对自己的研究工作的看法，对其研究的社会意涵（包括利弊影响和潜在风险）的看法，对科研人员与公众交流的态度和行动。其中很多受访者还谈到与伦理相关的操作规范、培训等方面的问题。

尽管这些访谈并不是为本书的研究目标而设计的，但访谈中所获取的材料可以作为案例，通过对这些案例的尝试性分析可以反映出科研人员如何将伦理和责任意识与自己的科研工作结合起来。事实上，本书所要研究的核心问题——科研人员的伦理参与能力，也正是笔者在进行上述访谈及对访谈材料进行回顾的过程当中逐渐浮现出来的。

二、分析框架

为了将第三章提出的"负责任创新框架下的科研人员伦理参与能力"

这一新的概念（以下简称"伦理参与能力"）应用于实际，考察现实当中科研人员的伦理及责任状况，根据概念的内涵设计出一个分析框架如下。

表 4.1　科研人员伦理参与能力分析框架

（有/无）	意识	行动
社会意涵（研究目的，研究成果）		
规范行为（研究过程，研究产物）		
协商对话（与利益相关者，与社会公众）		

社会意涵包括科研活动的潜在利益、风险、价值和影响，主要通过对研究的目的和成果的设计、思考来体现；研究活动的规范行为是伦理实践的重要体现形式，这也是分析伦理参与能力的重要方面，这些规范涉及操作的流程、对研究产物（如成品、废料）的处置方式等等；协商对话是负责任创新框架所带来的一个重要的新视角，是共同责任的践行方式，也是"参与"的意味所在，科研人员除了与科研项目的相关同行或跨行专家协商之外，在关系到科研的价值、风险等伦理社会维度的状况中，还需要与更多的利益相关者，尤其是社会公众进行开放讨论。能力概念包含着从意识到行动的连贯环节，所以对于伦理参与能力的分析，也需要注意上述的三个方面，科研人员哪些是具备意识，哪些是仅仅停留在意识，哪些又体现了将意识转化为行动。

第二节　科研人员的伦理参与能力状况

一、对伦理责任的理解

不少受访的科研人员对科研工作的伦理和责任的理解是比较局限的。

有的受访者对伦理和责任的理解就是在研究中不作假，不篡改数据，负责任的科研主要就是保证研究的东西是真的。有的受访者认为只有当涉及以人或者动物作为实验对象的时候，如何对待这些实验对象，才会有跟伦理相关的问题。如受访者 21 表示："理论（研究）可能没有什么（伦理问题），牵扯到人的时候才会有一些伦理，包括动物才会有，植物还没有……我认为的伦理是人……人的因素……我们做的……从研究对象上来讲，不存在着伦理。"受访者 19 谈到实验室垃圾处理的时候，认为："这不是伦理的问题，这是实验室涉及安全、环境这类的东西。"有的受访者所理解的伦理规范主要指的是经费的使用，如受访者 18 谈到对伦理的理解，就提到要"规规矩矩地把钱发出去……把钱都花在项目上，花在学生身上"。

当然，研究诚信，对于以人和动物作为实验对象的保护，以及经费的使用，这些都是经典的科研诚信和负责任的研究行为所主要讨论的伦理议题。然而，不少受访者对于伦理和责任的理解就仅仅局限在其中的某个方面，并且由于这样的限定，就把自己的研究活动排除在伦理议题的范围之外。例如，上述认为牵扯到人和动物的研究才是跟伦理有关的受访者 21，他自己从事的是以植物为对象的理论研究，就认为理论研究、植物的研究与伦理无关。

二、研究的社会意涵

（一）对于社会意涵的漠不关心

不少科研人员认为自己的研究仅仅是理论研究或者基础研究，其研究是以个人兴趣为导向的，以追求真理为目标，从事这方面研究的目的主要是为了满足个人兴趣，至于研究的成果将来会有什么应用，有什么影响，则不在自己考虑的范围内。如受访者 4 谈到自己研究的可能应用，认为目前的研究离能够制成可用的产品还有非常非常远的路，用他的话说"希望是很渺茫的",他特意强调自己对实际应用不关注,基础研究的目标就是发论文,只要论文发出来,目的就实现了。受访者6对于他自己的研究,认为是在享受解难题的乐趣,如果不成功也无所谓,如果成功了,距离可应用的产品还有很长的时间,"大概需要十年、二十年",他自己对产品走向市场应用没有多少兴趣,只想把机制的问题研究出来,不会去想后期开发的路子。受访者21也认为自己做的"只是基础研究""只是为了解析其基本功能"。受访者25说自己大部分精力还是集中在基础的研究中,因为对这方面比较感兴趣,并且还提道:"搞科研的就是搞科研的,你需要什么给一个任务,我做完了就给(你),后期怎么用,用不用,这些不是科研人员来说的……不能给他(科研人员)太多的包袱。"

有意思的是,当他们特意澄清自己做的是基础研究,不关注应用的时候,又都会承认自己所从事的基础研究与应用是相关的。如受访者4尽管认为自己的研究成果的应用前景渺茫,但仍称之为"应用导向的基础研究",在发表的文章中也都还会专门写上实验结果的应用前景和现实意义,尽管对于他来说这只是形式上的空话而已。受访者21也说道:"这些基础和应用实际上都是连着的。"他所从事的"解析基本功能"的基础研究成果对于农作物的育种种植是有用的。并且,好几位认为自己做的是理论研究或基础研究的受访者,都提到过他们用自己的研究成果申请过或者即将去申请专利。这表明他们知道自己的科研成果是有可能应用并产生影响的,只是并不去关注而已。

很多受访的科研人员对于自己所从事的科研活动及其成果的社会影响都有比较清晰的认识。在访谈开场介绍自己的研究内容的时候,受访的科研人员基本上都会从自己的研究方向与当下人们所关注的、热门的重大社会问题来引入介绍,如全球气候变化、癌症的治疗、环境污染的治理、新材料在生产生活中的应用、粮食生产供应、垃圾处理等等。然而,当谈及科研人员的具体责任的时候，很多受访者都秉持道德责任分工的看法，认为具体应对这些问题是政府有关部门的事务，科研人员只需要一心贡献论文产出，或者完成上级部门、甲方交给的任务就可以了。从事偏基础理论工作的科研人员，会秉持"基础研究""理论工作""兴趣""新知识"等说辞，将自己的责任限定在"追求真理"的范围之内。前一节所列举的访谈材料，大致能够反映科研人员在参与负责任的创新实践方面缺乏主体性、能动性，即伦理参与意识不够。

在受访者中，也有部分科研人员对自己在以科技创新解决社会问题，或者避免制造更多问题的事务上有参与的责任，但是在谈及如何去做的时候，表达出了很多疑虑和有心无力之感，认为现实当中的很多具体情况的限制让他们不能或不愿选择更为主动地去参与。在这样的情形下，科研人员自身所具有的参与意识就没有能够转化为实际行动，因而其伦理参与能力是不足的。接下来仍按照本章的分析框架，从科研成果解决社会问题、参与操作规范的更新发展，以及参与跟外行公众的沟通协商，这三个方面来详细说明科研人员伦理参与能力的状况。

（二）解决更多实际问题有心无力

受访者 18 所从事的研究跟城市污水处理相关，属于工程应用类的研究。她承接了多个横向课题，给污水处理厂做节能环保的工艺改进、低成本的生物处理工艺等等，这些研究成果直接应用于实际中，产生了不小的经济价值和社会效益。她坦言，这些工程上的设计和优化，在技术方面没有多大困难，主要是以前人们对节能降耗环保不够重视，随着《环保法》的实施，以及国家逐年出台更为严格的政策，人们对这一块逐渐重视，投入力度加大，很多问题都得到了改善。在面对这些城市污水处理的现实问题的时候，她看到很多具体的问题，污水对于空气、对于市民生活的影响，以及这些影响对生活和健康可能带来的风险。她认为从技术的方面是可以去解决这些问题的，但关键在于经费投入是否到位，以及管理是否到位，在这个方面科学家就无能为力了，因为大的氛围还是优先考虑经济效益。谈到研究是否有利于人类和环境的话题时，她说："真正做科研的是为了解决人类长远的问题，或者对甲方、对整个行业长期都有一定好的影响。但是现在身不由己。"在一些项目上尽管考虑到对于环境社会等更大的利益有更优的设计方案，但是如果与甲方的利益和要求有冲突，最后还是只能按照甲方的要求来做。"一些横向的项目，从各种角度上，能量节省、最优化，各方面考虑都不是最合适的，但是他们喜欢用那个东西，就用吧。……如果你（甲方或资助者等）非要用也没有办法。我也觉得不好，但是没有办法，那个时候我就不提意见了。"她还谈到，由于做的是工程应用类的研究项目，在学校的科研成果评价体系中是较为不利的，尽管横向课题可以带来明显的经济和社会效益，但是学校评职称只看发表的文章，要求有自然科学基金（自然科学基金是侧重于资助探索性的基础科学研究）的项目。而到了年限不能完成职称评定就只能转岗做行政。她并不想转岗，还想在科研方面再努力一把，所以今后要把工作的重点转向拿国家课题发文章这个方面了。

从事工程应用方面研究的科研人员对于科技成果的社会影响是比较清楚的。与基础理论研究的人员相比，他们的研究能够直接面对这些具体的社会问题，参与到治理、解决、改善问题的进程中来。但是企业界追求经济利益的价值取向以及科研评价体系的某些标准，却成为他们发挥伦理参与能力的阻碍。如果是企业内部的研究人员或者执业工程师，自然可以不受科研评价体系的影响。然而并非所有行业的企业都能拥有自己专署的研究机构，尤其是像污水处理厂这一类市政工程、环境整治方面的机构，不太可能像药物研发、机械制造或者信息通讯技术行业那样担负起庞大的企业研发系统。因此，这些将新知识新技术与工程应用相衔接的身处高校研究机构的科研人员，就会受到高校中科研评价体系的直接影响。

受访者 18 还提到她所做的研究的废料处理存在一定的风险，但是由于精力、设备和能力的限制，无法去仔细考虑分析这些潜在的风险。"现在实验室的微生物，从食堂里面过来，食堂里面过来的水被微生物降解得很好，然后在很低的能耗下降解，我自己有时候知道这些微生物在我们不断'折腾'的过程中可能会变异或者怎么样的，我没有这个能力分析这些东西。……没有精力，另外设备有些也不够。"她将解决这个问题的责任托付给"运气"："我现在运气比较好，碰到的微生物都是环境友好型的，还过得去，向我们实验室的下水道里面排进去还没事。"

受访者 25 和受访者 26 做的是关于环境监测和治理方面的基准、标准、评估体系的相关研究，这实际上可以算是为了国家政策和治理措施提供知识基础和证据的"监管科学（regulatory science）"（贾萨诺夫，2011）。他们的工作涉及去各地调研，测量水或土壤当中的基础数据，这些数据所得出的成果将成为在环境方面的政策执行和管理的重要依据。因此，他们在工作中所遇到的各方面利益相关者之间的矛盾、争议、博弈和磋商是非常明显的。受访者 25 提到去地方获取基础数据的时候，有的监测单位提供的数据质量保证不了，需要进行甄别、核对，或者重新测量比对；有的数据由于部门系统之间的差别无法获取；有的数据可能对于地方来说会比较敏感。总的来说，关于环境标准及评价方面的研究工作，最终的结果其实是政府与企业、中央和地方、国内与国外、当代与后代、发展经济与保护生态等各个方面来进行相互博弈的结果，需要综合考虑的因素非常多。这个方向上的科研人员，其工作本身就是参与到负责任和可持续的发展的过程中。值得注意的是，一方面他们对于自身工作的重要意义了解得很清楚，另一方面又深知其中的复杂互动关系，因此会透露出希望自己能够从这种复杂关系中抽离出来的倾向。受访者 25 表达了对于中科院系统里做基础理论研究的科研人员的羡慕，他说："涉及环境管理的这种科研，对环境的这块还是挺难的，一方面从科学上要说透，另外一方面要让管理者觉得这个东西可行，可推广……跟我一样的年轻人觉得我们现在做得特别辛苦。科学院很简单，就是发文章，弄一点泥回来然后做一个机理研究。包括评奖，评什么东西，类似于我们报拔尖人才，我们跟科学院没有办法比，人家天天做基础研究。我们做这个东西，时刻脑子里都有一个紧箍咒，这个东西到底发生关系能不能用，你不要为了发文章而发文章。"因此，尽管他们将自己的研究与应用的关系说得很多，但时不时地又看似很矛盾地声明自己做的是"相对基础"的研究，认为科研人员应该只管做好自己的本职科研工作，让有关政府部门去处理那些问题。

（三）探索潜在影响，参与风险治理

受访者1所从事的是与纳米技术相关的研究。作为纳米科技发展的坚定支持者和积极倡导者，他认为新兴纳米材料的研究和技术进展，对推动人类社会进步有很大的作用，也是我国科技发展水平瞄准世界领先水准的重要方向。但他同时也意识到，纳米科技的可持续发展，需要重视纳米材料对于生物健康和环境安全的影响。因此，他一直以来致力于研究纳米材料的生物效应、纳米毒理学、纳米材料的安全性评价。在访谈中他谈到科研人员的社会责任问题时说："美国的科研人员对社会事务的关心程度高，在美国，一个两耳不闻窗外事只做学问的人，在社会上人家会认为是没有社会责任感，认为他可能对社会就没有什么用。"他以爱因斯坦在二战时就原子弹等问题给总统写信、做演讲为例，说明美国的大科学家对社会问题非常关注。而我国的科研人员从总体上看，在这个方面跟美国还是有些差距。他认为技术是社会发展的一部分，需要关注社会发展问题，也需要关注社会科学。落实到行动上，他曾经联合哲学社会科学工作者共同申请重大科研项目，在项目中探讨"公众对于纳米技术的认知和可接受性等问题"，希望"建立纳米技术与社会伦理、人文哲学等交叉研究""为我国纳米安全与风险管理等提出前瞻性建议""推动国内纳米技术与人文学科的交叉，提高公众对纳米技术的理解和可接受性，为国家制定相应的安全政策提供支撑"（国家重点基础研究发展计划项目申报书，2011）。在访谈中，受访者 1 还提到希望效仿美国自然科学基金会建立"社会中的纳米技术研究中心（Center for Nanotechnology in Society，简称 CNS）"的机构设置，提议联合倡导在中国也设立纳米技术的社会研究机构，从而推动纳米科技的文理综合的跨学科研究。

受访者 1 是一个比较典型的例子。实际上，在纳米科技、环境科学、干细胞研究、合成生物学等新兴科技领域，科研人员对于研究的社会意涵的考虑都是比较多的；而且由于这些领域本身就是为了应对人类社会和自然环境的诸多现实问题才发展起来的，故而这些领域的研究人员会将自身的研究工作与社会的需要等考虑结合得比较好，以实际的科研行动去解决各种现实的或潜在的难题。

三、研究中的规范行为

（一）对于规章制度的被动遵守

当谈到科研规范或者伦理规范，不少科研人员会强调自己对规章制度的严格遵守，以此来表明自己照章办事、规规矩矩的态度和立场。但是他们并未见得认同这些规范所代表的意义，仅仅是被动遵守，应付了事。例如，不少受访者提到实验室操作中的一些着装穿戴的要求，并不是"百分之百的操作"，平时也没有按照规范严格要求。最为典型的例子是，涉及动物实验的项目，很多生命科学研究的机构都有伦理委员会的审批机制，项目申请书和在国际多数期刊上发表文章都需要有伦理委员会出具的证明，但是审批的程序却未必都是认真严谨的。受访者 19 谈到关于伦理委员会的审批手续时说:"按道理讲是这样,(但实际的执行)国内没有这么严……比如我们报课题,提交个证明就可以了,一页纸就可以,我把它写好之后……给伦理委员会主任一看,没有问题,他签个字就完了……没有很重大的东西就不需要(会议讨论)。"受访者 23 提到他所在机构的伦理委员会,虽然人员组成上比较规范,包括机构内外的人员,每年定期开两次会,但平时需要审批的研究申请和实验项目,都是"攒一批"到半年一次的会议上统一审批。

这种非反思的遵守规范的行为,虽然比起不遵守规范要好,但是也只能算是履行了第二章中所谓的回溯性的责任,缺乏伦理主体意识和主动性。在规范缺乏的时候——尤其是当研究过程中出现新颖的事物或行动的时候,这种被动遵守的态度就有可能转变为随心所欲的行动。这种不具备前瞻性责任的态度,正是缺乏伦理实践意识的比较典型的表现。美国学者史密斯-多尔等人(Smith-Doerr et al.,2015)通过调研材料揭示了关于伦理制度在执行中的"形式主义(formalism)"和"参与实践(engaged practice)"两种对立的情形。前者指科研人员敷衍地遵守规则,跟日常实验室行为是脱节的;"参与实践"时才将相关制度有意义地结合到日常工作中,在实验室里参与分析和探讨这些规章制度所蕴含的意义。

(二)面对规范不足,诉说无效果

科研过程中已有的一些安全防护和操作处理的规范,都是根据以往的经验和已知的情况来制定的。科研是探索未知的活动,创新是面向新生事物,尤其是在纳米科技、合成生物学等新兴科技领域,研究活动中说不定什么时候就会面临以往规范所覆盖不到的情况,因而潜藏着未知的风险。科研人员发现或者意识到这些规范上的不足的时候,能否主动承担起修改、完善甚至更新规范的责任,也是科研人员是否具备足够的伦理参与能力的重要表现。一些受访的科研人员表示出了对既有规范的不满或者质疑,但是却没有能够更进一步地促成改变现状的行动。

　　受访者 7 是一位从事纳米生物医疗方向研究的人员。她在访谈中主动地提出了自己对于操作当中的安全问题的担忧。她表示"觉得不安全"，对所接触的研究对象可能对自己健康的影响很担心。虽然"按理说"实验用的手套都是一次性的，但是一直以来的惯例却是要重复使用两三次，一不小心戴到反面就接触到皮肤，如果手上有伤口就可能产生威胁健康的风险。她希望能够跟她的上级领导讨论这个问题，却一直没敢去说。应对这种实验中的安全防护的隐患，她提到一个有效的途径是她所在的机构给研究人员提供年度体检，可以排查健康问题，但是她所属的群体（联合培养研究生）并不在机构体检的覆盖范围之内，这个群体人数众多，并且往往是在实验室内直接接触各种研究对象的主要成员。她将对这些问题的考虑反映给了访谈者，表示希望访谈者能够去跟"上级"协商来解决这个问题，认为自己没有反映这个问题的渠道和解决问题的能力。

　　受访者 18 提到她所在实验室的一个重大的安全隐患：某项操作中要使用到酒精，是易燃物，按规定是要杜绝明火。但是由于研究的对象是污水，会滋生出大量的蚊虫，于是操作人员就在实验室里点蚊香。对于这种非常不安全的做法，她多次劝说却没有效果。因为实际情况是"实验室的蚊子能把人抬走"，所以规范和警告都不起作用。对于这种矛盾的情况她也试图向学校反应，但是领导不重视，问题无法解决。她也说了这样一句话："那你帮我们反应上去，应该可以。"

　　受访者 19 从事的是生物医疗方面的研究，他提到关于实验废料处理方面规章制度不健全的问题，他曾经呼吁参照国外的规章制度进行管理，但是得不到回应，于是也就只能作罢。他说"我在（国外某高校）的时候是这样，每个实验室，所有用过的东西，比如说养细胞、养细菌的器皿，都是一次性的，所有用过的器皿都不是随便丢掉，每个实验室都有一个很大的箱子，所有用完的东西都必须丢到这个纸箱子里。纸箱子满了以后把它封好，封好之后在纸箱子上写上哪个实验室，然后把这个纸箱子丢到走道上，就有专门的人把这个纸箱子收走，收走之后作为特殊的垃圾去处理，是要经过处理才丢的。……在国内基本上能这么做的没有，很少。大家都是随便丢，都和普通垃圾一样，所以现在打扫卫生的就很麻烦，一般的东西无所谓，有些垃圾是对环境有害的。所以我们年轻老师在院里也呼吁过好多次，但是没有办法。在国外要处理像这样的一箱垃圾你是要给钱的，为什么要写上实验室的名字，因为这个要从你的经费里面扣钱的，你处理一箱垃圾是要扣钱的。目前国内还没有这样的单位专门去处理这种特殊垃圾……从国外回来的这些年轻人，我们也没有办法，我们看到很着急，对环境污染很厉害，我们呼吁也没有办法。……我们呼吁也没有地方呼吁，我们最多开教代会的时候说一下，领导也没有办法……领导说我们向上反映，这个东西不是某一个领导可以拍板。"

（三）强调责任意识，推进规范建设

受访者 16 从事的是水生植物的生理机制的理论研究。尽管她认为这属于基础研究，但是在访谈中介绍的时候，她将研究的意义与全球环境变化的大背景联系起来。她提到自己研究的是外界条件的变化对藻类的光化学反应的影响这个比较专门的方面，但是环境变化对生物生长的影响，"间接地对我们人类生存各个方面环境都会产生影响"。她的实验研究主要对象是藻类，对于做完实验之后的废液，即不用的藻类，她要求自己实验室的研究人员要先将这些水藻用乙酸杀死，然后再倒掉。据她说，不少的实验室都是直接倒到下水道里面。尽管实验中用的藻类是来源于自然水体中的品种，流入自然环境应该不会有多大害处，但是她说道："藻类说它很脆弱也很脆弱，说它强大也是很强大的，个别藻类会发生一些遗传变异，或者怎么样，然后在水体里面，你很难保证它不会大量地繁殖或者有其他的影响。

因为有些藻类你对它的特性掌握不准，这个很难预测，最好不要这样。不管什么样的藻类都先把（它）杀死。这个倒到下水道里面，下水道里面有很多，长期的藻类就这样进化过来的，就担心出现问题。"由于这个处理方式并没有现成的规则，而她也是在国外实验室做研究期间学习而来的，当访谈人问道，没有上级规定，也没有人来监督，她为什么认为需要在自己的研究团队里执行这样的步骤。她说："很简单的一种意识，就是要保护环境这么一种概念，也没有想太多。有的藻种生命力非常强的那种，不管怎么样产生适应性也好，变异也好，大量繁殖对水体污染很麻烦的。或许可能性很小，但是还要尽量地这样做。很简单的想法……自己觉得应该这样做一下。"

2011年11月，由中国科学院学部科学道德建设委员会主办的"2011科技伦理研讨会"在北京召开。中国科学院多位院士和相关领域的科学家，科技伦理、科技政策、科技法等领域的专家学者，以及国家各部委和科协的有关领导都参加了会议，围绕着"纳米技术伦理问题"和"转基因技术伦理问题"两项主题，深入研讨了技术发展中存在的潜在风险，可能出现的伦理、法律和社会问题，科学家在推进技术良性发展中所应承担的责任，以及科学家应遵循的科学研究行为规范。经过讨论，与会代表建议由学部科学道德建设委员会组织制定符合我国国情的纳米、转基因技术研究行为规范，用于指导科学家的研究活动，体现科学共同体负责任的科学研究态度，推进技术良性发展，保障环境、社会和国家安全。（张思光，2011）随后，在2013年4月，中国科学院学部主席团发布了《关于负责任的转基因技术研发行为的倡议》（中国科学院学部主席团，2013），提出从事转基因技术研发的科学家要"关注技术应用的不确定性和社会效果，自觉维护健康安全、环境安全和国家安全""遵守伦理规范，保障安全，缓解资源约束，保护生物多样性，保护生态环境""保持对技术伦理的敏感性，自觉思考技术开发和应用可能带来的伦理、社会和法律问题"以及进行决策咨询、科学传播,以及伦理教育等相关方面的原则、责任范围和行动方针。

四、与外行及公众的协商对话

(一)对于协商对话的警惕排斥

尽管有不少科研人员意识到他们的研究工作与环境、社会、公众是有关的,但是相当一部分受访者对于跟媒体、公众等外行进行交流都持一种谨慎的回避态度。受访者 6 明确表示:对与外行或者公众交流基本上没有什么兴趣,喜欢跟同行交流,与能听得懂的人谈学术方面的内容,这种交流可以相互启发相互受益。"至于其他的,就公事公办了"这句话表达了他对于非学术交流的态度——能应付就行。受访者 28 也表示不喜欢通过媒体做科普一类的事情:"去年科技日报说要稿子,我说算了,太麻烦了,他说观点鲜明,我一听头大,我说不要找我了。"他把这个态度归因于个人的性格和兴趣。

受访者 19 明确表示了对于媒体的排斥和不信任。"有的时候媒体很可怕,媒体经常坏事。目前国内这个情况下,我相信一般的老师能躲尽量躲。因为媒体喜欢断章取义,完全把别人的意思曲解了。一般来说能不惹事就不惹事。"受访者 22 在谈到公众对于某项新技术的比较情绪化的态度时,认为科研人员的沟通起不到什么作用;而且由于科研人员在新技术的研发中有利益相关性,反而会导致公众不信任,适得其反。"(公众会认为)因为你是搞这个的,你是既得利益者,就是你们干的"。即使是没有相关利益的专家也无法得到信任,因为"搞科学的,老百姓也搞不清楚你是干什么的"。他认为沟通的工作应该由政府来做,政府有权威,公众对于政府大部分还是信任的。受访者 25 认为与媒体和公众交流不是科研人员的责任:"这个也不是我们科研人员做的事情,科研人员就是踏踏实实在实验室做实验、写报告，在媒体上这样说那样说，这种不是特别好。这样还容易误导公众，因为每个人做的东西都是非常复杂的，你的理解是这样的，结果人家说是这样，某某教授，在这里说什么，很容易误导。"他认为科普的工作应该由专门的科普人员来做，科普跟科研是两回事。

（二）跟媒体公众交流疑虑重重

不少科研人员对于跟外行公众进行交流这件事情，虽然认为有需要，但是在行动上却颇为迟疑，疑虑重重。有的认为公众缺乏了解较为深入的科学知识的耐心，或者对于政府和科学家不信任。如受访者 26 提道："他们对这个东西的理解不够深，我说的可能他也听不懂……到一定的文化层次，你跟他说耐心地听能懂。但是到了一些民众那就不一定能接受……中国公众普遍有一个浮躁心理，听到前面后面有可能不听了。""做出来这种数据我们绝对不敢公布，这个是很现实的……怕引起不必要的麻烦……民众对官方公布的数字不信任……像这种数据我们公布了，很多一传、二传就变味了。"

有的媒体断章取义和故意夸张造成了偏离事实的做法也让科研人员对他们难以信任。受访者 25 和受访者 27 分别提到了不久前媒体关于"饿死癌细胞"和"药物治疗贪污腐败"的歪曲报道，有的夸张报道造成的社会效应甚至让研究机构对于媒体采访都要进行干预和审查。受访者 21 谈到与媒体和公众交流的时候，认为科研人员首先是要做好自己的本职工作。但后来也承认说："当然我们也不能说一定把自己关在屋子里头。适当地去宣传一点也是必要的，但是把工作的重心不能搞偏了。"他认为有些科研人员在媒体上宣传的时候目的偏了，"就搞成完全是哗众取宠"。他认同宣传是有必要的，但是不能作为一个营利的工具，而且学术圈里确实会有一些人通过媒体宣传来进行炒作。

还有的科研人员对于跟公众交流所需要的能力有所担忧。受访者 4 谈到关于科研人员与公众交流的问题时，认为有必要通过交流来增进理解。但是讲到跟外行交流，他觉得科研人员本身未必能够做这样的工作，他自己就没有这样的能力。他认为这是科普作家的事，关于怎么做一个合格的科普作家，他认为需要足够的科学训练的背景，应该有一个理工科的硕士学位，然后要有比较好的文学表达能力。受访者 24 表示参与媒体宣传和公众讨论需要有影响力的人去做才有分量，"倒不是不愿意参加，愿意参加，有的时候好多人会说这种话，应该像 Y 老师、Z 老师这种'大牌'去，我们这种不好多说"。

（三）参与公共对话，加强学科交流

上文中曾提到，在负责任的转基因技术研发行为倡议中，科学家有责任自觉思考技术研发带来的伦理、法律和社会问题（简称 ELSI），对这些问题的思索和探讨往往不是科研人员群体自身能够独立完成的，需要让科研人员、社会伦理学家、政府、广大公众等利益相关者参与到协商中来。本着扩大协商对话的原则，中科院学部委员会继 2011 年开会讨论了纳米和转基因技术伦理之后，又连续三年以类似的多方参与的形式召开了关于干细胞研究、互联网技术发展、生态环境伦理，可持续发展的年度科技伦理研讨会（缪航，2012；黄小茹，2013；缪航，2014），预计将会形成惯例持续下去。

中科院学部主办的年度科技伦理研讨只是科研人员群体主动拓展自身的研究及社会责任，参与跨领域的协商对话的一个典型例子。类似的协商研讨还有：中国科学院北京生命科学研究院组织的"北京生命科学论坛"，在 2009 年和 2012 年的研讨会中分别讨论过合成生物学的安全与伦理问题和转基因技术的安全、伦理和公众参与问题（中国科学院北京生命科学研究院网站，2009；中国科学院北京生命科学研究院网站，2012）；2009 年大连理工大学召开的"纳米科学技术与伦理——科学与哲学的对话"研讨会；2012 年第六届国际纳米毒理学大会的纳米 ELSI 专场；等等。

事实上，近年来我国科研人员，尤其是在新兴科技领域，越来越多地迈出原先限定的专业研究领域，参与到与科技活动相关的公共讨论中。他们逐渐意识到科学界与广大公众之间相互理解的重要意义，也认识到各方利益相关者的意见和需求对于科技研发的负责任和可持续发展是重要的影响因素。

科研人员进行"伦理参与"行动的方式除了通过多方参与的研讨会进行面对面的交流沟通以外，还可通过在期刊、报纸上发表文章阐明观点进行交流。例如，从事纳米科技领域研究的科学家白春礼、薛其坤、赵宇亮、陈春英等，都曾在《科学通报》《中国社会科学报》《中国科学报》等刊物上发表文章或接受采访，表达了他们对于安全、风险、不确定性等方面的问题的关注，以及需要联合哲学社会科学学者来共同应对纳米科技发展的问题的态度（陈春英，2010；薛其坤，2010；赵宇亮，2010；白春礼，2011；黄明明等，2012；刘颖轶等，2012）。

随着近年来互联网和移动通信技术的发展，科研人员也通过新媒体渠道来与公众进行沟通。例如致力于在青年群体中塑造活泼时尚的科技文化的科学松鼠会，汇聚了大批年轻的科研人员和科学传播者，将科技与生活的关联生动呈现。又如某知名科学家创建的微信公众号"赛先生"，积极探讨诸如转基因、生物医学方面的伦理和社会争议问题。

上文分别从社会意涵、规范行为和协商对话三个方面来对访谈材料进行了分析，并加上了科研人员对于伦理责任的内涵和范围的理解。综上可以得出，科研人员的伦理参与能力的状况表现在三个层次：第一，伦理参与意识不足；第二，具备一定的意识但没有相应的行动；第三，将伦理参与的意识转化为了实际行动。三个层次在不同方面的具体表现可以归纳为下表。

表 4.2　科研人员伦理参与能力的具体表现

	伦理参与意识不足	有意识无行动	有意识有行动
社会意涵	对于社会意涵的漠不关心	解决更多实际问题有心无力	探索潜在影响，参与风险治理
规范行为	对于规章制度的被动遵守	面对规范不足诉说无效果	强调责任意识，推进规范建设
协商对话	对于协商对话的警惕排斥	跟媒体公众交流疑虑重重	参与公共对话，加强学科交流

　　科研人员伦理参与能力不足的一个典型的表现，即具备一定的伦理参与意识，但没有转化为参与的行动。本书提出的伦理参与能力概念的一个重要方面就是希望弥补意识与行动之间的差距，只有比较顺利地将伦理反思的意识与参与实践的行动结合起来，才能算是具备了较为充分的伦理参与能力。从案例分析中可以看到，目前国内的许多舆论、制度等方面的因素对于科研人员伦理参与意识的形成以及进行伦理参与行动都没有非常积极的影响，甚至在某些方面有一定的阻碍。在下文中将会具体分析和讨论这些相关影响因素。但是，调研的材料中也反映出，仍然有一部分的科研人员具备了较为充分的伦理参与能力，能够将自身的伦理参与意识转化为具体的实践。

第三节　影响因素

　　上文基于对科研人员访谈获取的经验材料进行分析，大致说明了中国科研人员的伦理参与能力的几种类型的现状。对现状的了解不仅仅是为了评价当下科研人员的伦理参与能力，因为访谈所反映的仅仅是中国庞大的科研工作者群体当中的一小部分代表而已；而进一步通过对比分析，找出有哪些因素以什么样的方式来影响和塑造了目前科研人员的伦理参与能力，或许才是更为重要且具有现实意义的工作。从上述对于科研人员的伦理参与能力状况的案例描述，已经非常简要地提及了相关的影响因素，本节将对这些因素进行归纳分类，并结合案例分析作更为详细的讨论。

根据访谈材料的对比分析，影响伦理参与能力的因素大致可以归纳为如下几个方面。

一、体制环境

从宏观的角度来看，大的体制环境是影响伦理参与能力的一个重要因素。这包括国家或者学科及行业的总体研究导向、氛围，经费与资源的分配，发表和评价机制，竞争压力等。

在访谈中最突出的一个现象是受访者常常会对"体制"产生不满，认为有很多繁琐的行政事务，如考核、填表、开会等占用了大量的时间和精力，以至于连科研的工作都会受到影响，更不用说有心思去反思研究的社会意涵以及"研究本职"之外的更广泛的社会责任。例如，受访者 16 提道："包括一些体制，像我们老师也一样，我对科研很感兴趣，我要解决这个问题，但是他给你的环境，有一些机制方面（的影响），难以潜心地做这个研究，因为你还要应付很多其他的事情。……没有意义的这种会议比较多……考核的频率比较高，填表……院系一层一层的，各自有不同的要求……经常觉得浪费时间。"受访者 18 表达了类似的不满："科研环境最不好……不是好好地整科研，光想弄一个管理政策，去年搞什么岗位之类的，那两三个月根本没有想怎么搞科研，就一天到晚想怎么搞那些。……考核指标又不是特别促进科研的，所以很累的。……不像国外那样让大家一心一意地搞科研，……管理层的想法还很多，行政部还做不了服务，……办事的效率很低。"

有的受访者对于在高校中从事科研工作，需要同时兼顾研究和教学两项重任也表现出疲惫，他们往往会比较羡慕在类似于中国科学院这样的研究机构中工作的同行，不用承担"额外"的教学任务。例如受访者 16 说："教学工作量这一块的任务也挺大……想搞科学研究的老师要付出的精力比较多，教学占去了（很多时间）。"受访者 24 说："很费精力的，有的时候这个体制没有办法。我们必须要承担很多的教学任务，教也是很重要，传播职业思想，像普及也非常好，研究生普及，他们可以当作种子传播出去，但是很影响科研，科研是整体的，现在我们需要好好干。"

但诚如受访者 24 所言，教学其实是科学事业中很重要的一个方面。不少受访者在谈及他们心目中的负责任的科研时，都会提到培养人才是科学研究的一个重要的意义。那么，除了通过让青年人参与科研实战来获得研究技能的培训之外，传统的教学自然也是人才培养的一个重要方式。当下很多高校要朝着研究型高校的方向发展，认为教学和科研可以相辅相成。那么，为什么科研人员会对教学任务感到不满，认为教学影响了科研呢？或许与诸多受访者所反映的当下科研竞争激烈，科研人员生活压力大的状况相关。

上文中曾经提到受访者 18 在面对诸多研究中需要去应对和解决的实际问题时，表示有心无力。她反复提到"没有精力""顾不上""考虑不了这么多"，因为她正面临着急需通过获得国家科研项目和发表文章来评职称的状况，否则就可能需要转岗，不再从事科研活动。在访谈不同专业、不同机构、不同地域的受访者的过程中，我们发现，这种来自经费、评价、竞争的压力不是个例，而是较为普遍的状况。在综合实力不是太强大的研究机构里，获得国家级课题和大规模经费的难度相对较大，因为从事研究的基础条件（包括设备、团队等）不是太好。综合实力较为强大的研究机构聚集了更多更好的物资和人力资源，也就自然而然地聚集了更多的研究项目和研究经费，但相对的，随着考评"门槛"和周边同行竞争能力的提升，科研竞争的压力更为巨大。

随着我国的经济发展，总体的收入水平在逐渐增加，但是相比之下，很大一部分的普通科研人员的收入水平却并不高，尤其是在科研机构聚集的大城市，消费水平又比较高，因而科研人员的经济和生活压力也较大。受访者16就说："教师的工资普遍很低，因为生活方面还是有很大的压力，除了'百人、千人计划'那是完全不一样，年薪很高，一般的老师才几千块钱，我们学校的教授也就五六千块钱，这个是很低的，平时你能潜心搞科研吗？想方设法地通过其他的增加一点收入，因为要还房贷什么的，这个收入太低了，国外是不用担心的，他们的收入很高，老师不会在生活方面有困扰。"

于是就表现为受访者所反映的"学术界浮躁"。教书育人也好，对研究意义的反思也好，更为创造性地去履行伦理参与的责任也罢，都不能直接服务于这种浮躁氛围下的"单向度"竞争，不能对以文章数量和经费数额来衡量的科研产出造成"立竿见影"的效果。这也就不难理解，为什么很多科研人员对发文章、拿项目之外的更多反思意识和参与行动表示"不关注"或者"无能为力"。这是由科研的经费分配、评价和收入方面的体制环境造成的。还有国家经济发展状况、社会风气和舆论环境等更为宏观的因素，也可能对科研人员的伦理参与意识和行动产生影响。

受访者17从事的是与环境科学相关的研究，她坦言，要履行改善和保护生态环境的责任，跟国家的经济发展状况、政府的政策导向以及国民的素质都有关系，科研人员的行动能力处于这些诸多方面的条件限制之中。她说："在这个阶段可能还是追求经济效益。但是到一定的时期肯定要考虑，环境的效益也到了必须考虑的阶段。可能现在处于一种转型时期。……其实环境很多方面，不管是环境政策，还是环境标准、环境监测方面，全部是属于政府行为，不是说我们科研工作者怎么样，而是政府能

105

不能意识到这个问题。与其我们跟企业打交道，还不如让我们给企业扫盲，告诉他们这个问题已经很严重了，让他们意识到这个问题，完了以后他们去制定一些东西，企业必须去搞。整个环境就是这样。……从企业的角度来讲，企业肯定是追求最大利益，尤其当国民的素质还没有达到'我要怎么样，我要造福人类，我要造福什么'的时候，只是追求 GDP 的时候，只是追求经济效益的时候，你让他通过科研工作来履行，他觉得你很幼稚……从政府的角度来讲，所谓的专家也比较多，但是真正的要认真做科研这些，或者真正地去思考的，有点社会责任心的专家也少，在这个过程中怎么样去选择……"

受访者 19 从事的是生命科学方面的研究，他谈到实验对象保护等方面的伦理规范时就说，在我国，相关规范的制定、实验伦理的意识和行动，都是在科技研究越来越国际化、全球化的大背景下逐渐发展起来的。"科技越发展，跟国外越接轨，你越来越觉得这些东西重要了。（提问：不关注科技伦理没有办法融入国际的科技大环境）对。你说你这个机构再好，别人知道你这个动物是这样养的，不是很规则的、很标准的动物房但按照一套动物的伦理操作规程，别人觉得你这个东西一钱不值，科技越发展就会感觉到这些东西越重要。同时科技越发展，人们会越来越重视这个东西。"

社会的舆论环境对于科研人员参与公共交流和协商的意识和行动明显地会造成影响。上一节中提及有的科研人员不愿意或不敢跟媒体和公众打交道，因为他们对很多媒体不信任，认为媒体很容易断章取义或者有意无意地夸大和歪曲事实，从而也间接地导致了科研人员与公众之间的不理解和不信任。于是有的科研人员就抱着"能不惹事就不惹事"的心态，对媒体"能躲尽量躲"。即便有的科研人员有意愿通过媒体进行公共交流，也是声明要"在没有危险的情况下"去做。有调查表明，当下我国部分媒体从业者的科学素养较低，这对于增进科技相关议题的公共讨论会有一定的不利影响。如果媒体能够提升整体科学素养，以负责的态度来参与沟通，尽量消除科研人员与媒体之间的猜忌和不信任状态，对于科技创新事务的开放协商以及科研人员的伦理参与将会有比较好的影响。受访者 17 对媒体的作用表示了重视和期望："媒体很重要，媒体起到了很重要的作用，很多无法解决的事情通过媒体就能解决。中国媒体的功劳肯定还是比较大的，但是媒体在这样的时期，法制不是特别健全，很多道德、标准、伦理完全没有建立起来，现在是多元化，这样一个时期我觉得媒体的责任非常重要，媒体应该引导一种正能量。"

除了起到组织和连接作用的媒体之外，公众的角色也是舆论环境的重要构成部分。出于对公众的理解能力和耐心的顾虑，也使得有的科研人员对参与公众交流的活动"避之不及"。受访者 26 的科研工作涉及环境风险的评估，当被问及风险评估中是否考虑公众的看法时，他回答说："我们不敢去做，我们现在只敢做科研……中国部分的民众素质是参差不齐的，还有一些心理扭曲的什么小组和团体，利用你的东西扩大（影响力），对整个社会稳定问题影响是很大的。所以有些数据我们宁愿选择不公布。……民众对官方公布的数字不信任，普遍存在这么多问题。现在这东西也不是我们做科研的能够解决……有些涉及敏感的数据我们也不考虑公布，一个怕引起不必要的麻烦……像这种数据我们公布了，很多一传、二传就变味了。……首先政府公信力的问题，其次一个他们对这个东西的理解不够深……他看也看不懂，他也不会去看，就看那个数字就完了。……但是中国公众普遍有一个浮躁心理，听到前面后面有可能不听了……因为现在都很浮躁，整个社会都很浮躁，听不了，政府也没有那么多心思跟你解释那么多，告诉你没事就行了。"

另外一个有关的体制因素是应对现实问题的跨学科、跨行业的研究活动与我国的政府监管部门之间的对接问题。受访者 25 和 26 从事的是环境监测和风险评估方面的研究，他们在访谈中就指出，环境科学研究涉及环境、资源、卫生等各方面的综合因素，从项目申请、团队组建、数据获取到产出可能会分别归属科技部、卫生部、水利部、环保部来管理，但是不同部委之间的沟通存在一定的难度；对于规模并不是特别大的科研项目来说，要实现跨部门合作是较为困难的。受访者 25 提到他的研究中需要收集水资源方面的数据，环保部和水利部有两套监测数据，但涉及跨部门，某些也许很重要的数据无法获得。受访者 26 对于跨越不同管理部门的研究工作表示，由于不同部门之间的管理方式、关注重点和要求都有差别，会产生很多的问题："环保部的项目跟卫生部的项目绝对不能结合在一起，因为很多他们自己的内部采购是多块，运行经费也不可能结合，但是科技部、基金委做不了那么大工作量的项目，基金委顶多做到一个小的科学问题，比较深的科学问题的探索，做不到这种跨行业的重大项目的实施……（跨部委联合申请项目）我们也做过，包括做基准的时候，我们想跟大的医学部合作，他们向上级提交报告的形式跟我们又不一样，我们给部里提供支撑的时候，他不在乎你怎么做，他只在乎这个东西对我的管理有什么支撑，他们只在乎这个。我们这两个项目一起做下来以后，两方所需要的东西不一样，又会产生分歧，而且还存在许多问题。如果是我们主导的项目，我们在项目实施方案的路线设计的时候，考虑卫生部门的东西会少。因为我们不懂，不会考虑；他们考虑的时候，对环境方面的东西不懂，这样的话一个东西不可能支撑两个部门的工作。我们现在也是在探索这方面的问题，现在基本上都是靠着自己的私人关系沟通交流……科技部能推动这方面的工作，当然也需要两个部门多多地交流和沟通。现在做的比较少，像北京大学做的，他们有优势，他们自己内部就可以消化，他们有医学，又有环境，可以一起消化，他们有这个优势。但是现在的科研体制又不太支持整个内部消化。就是跨单位、跨学科之间的交流合作，这样的话整个科研平台才能形成，这都有一定的优势、劣势。"

二、规章制度

在中观层面主要是规章制度的影响，指的是针对某类研究方式或操作过程（实验对象保护、安全操作、废料处理等）的学科、行业或机构规章，也包括正规的培训和准入制度。规章制度无疑是伦理道德规范的一种重要实现方式，对于科研人员的伦理意识和规范行为有很重要的塑造作用。然而，本书所讨论的伦理参与能力，不仅要求遵守既有的规范，还要求对于规范的合理性、适用性——也就是其伦理意味——进行批判性、创造性地反思；在特定情况下，伦理参与意识甚至会表现为不遵守某些不适用的既有规则，而且主动去参与创造新的规范。从这个角度来看，规章制度对于科研人员伦理反思能力的影响是颇为复杂的。

根据伦理参与能力的概念框架，能力可以划分出意识和行动两个相互关联的环节。在面对已有的规章制度时，如果缺乏伦理思考的意识，也就很难说具备因此而萌发的行动。从访谈资料的比较分析中可以较为明显地看出，科研活动中那些建立了较为成熟的伦理方面的规章制度的领域或者环节，与规章制度建设不足的领域相比较，科研人员从伦理角度上进行思考的意识是比较突出的。例如在本章第二节最初的部分，提到了受访者对于伦理含义的理解，很多受访者都会比较自然地把伦理与对待实验动物的要求、当人作为实验对象时的保护措施这些方面联系起来。尤其是从事生命科学研究的受访者，对"伦理"一词有所实指的含义所表现出来的熟悉程度明显要高于其他方向的研究者。可以具体对比：受访者 19、20、23、24 和 30 从事的是与生命科学相关的研究，他们对于什么是伦理审批，其所在机构的伦理委员会的状况都明确表示了解，因为他们对于伦理委员会的审批都有亲身经历。而受访者 16、17、18 从事环境科学与工程方面的研

109

究，他们就声称不知道所在机构是否具有伦理委员会，他们自己的研究工作中也从未有相关的伦理审批要求，因此对于伦理是什么，有什么伦理方面的规范，他们会觉得对这个问题不太明晰。

这些规章制度对于科研人员的伦理反思和参与的意识和行为有怎样具体的影响呢？接下来就以受访者谈及较多的两种制度——伦理委员会审批和统一的伦理培训——为例，来讨论这个问题。

关于伦理委员会审批程序所起的作用，受访者 19 认为是让做动物实验的科研人员对实验对象有更多的情感上的考虑和尊重："我们认为比较敏感的动物，比如说狗、猫……包括有些其他的动物跟人之间关系更密切一些，至少情感上更加接近一些。比如一个人在外面去踩死一只老鼠可能没有什么，如果有人踩死一只猫或者狗，这马上就不一样了，这跟我们人类与动物情感（联系的紧密程度）不一样有关。一般来说对于这种专门的实验动物，比如老鼠，大鼠、小鼠一般问题不大，狗、猫或者猴子，这些动物到底最后怎么去处理，这个伦理委员会的作用更大。……非典的时候他们（科研工作者）用猴子做了实验，做完了以后就把这只猴子埋了，还专门给猴子立了一个相当于小碑一样的东西。这也体现了伦理方面的尊重。"

受访者 20 谈到，伦理委员会的审批制度会让实验更为规范，由于考虑到实验动物的感受，去合理设计和控制实验条件，能够获得更为有用的实验数据，对于研究的实际意义是重要的："我们有伦理委员会……所有的动物实验现在都是要有审批的……还是会让实验更规范一些……如果把伦理的事情放在实验设计上，实验就会更合理。……你做实验，如果让动物比较痛苦的话，他的反应指标就是乱的，其实影响了你的实验结果，如果把这个东西想得很清楚是要避开这些，你的实验数据更真实可靠，可以得到最可靠的结果。动物生活的环境会影响实验结果，如果这个动物的生存环境一直属于冷的，使劲吃高脂食物它也不长胖，我就一直做不出我的实验结果，温度一会低一会高，也会影响这些动物，你让它在一个舒适的环境当中，可以拿到一个对人类健康更有用的实验数据，帮助人类发现一些新的东西，你又能够完成一些你想做的研究，是一件好事，这就是要把伦理放在实验上。还有一个是你要测血糖，我拍你一下，你害怕，测你的血糖，你的血糖肯定会上去的，你很安静的时候测血糖，你的血糖就是正常的情况。做动物实验也是这样的情况。"

受访者 24 认为，伦理委员会的审批制度能唤起做动物实验的科研人员严肃的责任感、对生命的敬畏感，以及研究工作的神圣感，"有这个（伦理规范）在，做事情的时候，其实是有约束的。……签了这个之后，你做这个事情就有一种责任感，很严肃。在哪个宗教，哪个国家我忘记了，他在杀动物之前先做祈祷，然后再去做，就是给人一种你看这个事情是很神圣的，我不是说没有这个就不神圣，可能会时时地提醒你做一些事情。有的时候你如果没有这个，不是随便，反正就是说不出来，反正我觉得不太一样。……否则你都不去想有时候，真的是这样的……我觉得做生命科学研究真的是很神圣的……"。

另一方面，受访者也反映出有的伦理委员会审查制度的具体执行情况并不理想，发挥不了对具体科研工作的实质性的影响力，便有可能沦为形式主义的过场。这样的情况下，该项制度便可能对科研人员的伦理参与能力造成负面的影响，导致上文中所描述的"对于规章制度的被动遵守"。

受访者 19 谈到伦理委员会审批手续时说："按道理讲是这样，（但实际的执行）国内没有这么严。……比如我们报课题，提个证明就可以了，一页纸就可以了，我把它写好了之后，拿到伦理委员会，给伦理委员会主任一看没有问题，他签个字就完了。……没有很重大的东西就不需要（会议讨论）。……对一般的实验来说，比如你做老鼠（实验），一般这样的老鼠，其实伦理委员会主要还是形式问题，没有起到限制或者其他的东西。"谈及

111

伦理委员会成员名单和组成，他说："按道理讲是公示的，这个东西国内没有国外重视，我们报课题的时候就问，这个地方找谁签字，别人说这个地方找谁签字，我们就找谁就完了。"这个负责签字的伦理委员会主任"一般来说会找个教授，但不是专职，都是兼职的"。受访者 20 对于所在机构的伦理委员会审查过程比较熟悉，她说制度规范应尽量跟国外接轨，至少要相似，而且国外现在做得比较全面了。但她同时也指出，尽管有条例，是否能够执行依然存在问题；伦理委员会拒绝或者要求重新修改动物实验申请的比率"不是很大"。受访者 23 所在的机构的伦理委员会，人员组成上比较规范，每年定期开两次会，平时需要审批的研究申请和实验项目，都是"攒一批"到半年一次的会议上统一审批，不可避免会有提前审批或者补批的情况。

一些研究和媒体报道也印证了受访者所提到的国内某些伦理审批制度建设和执行方面的不严谨、不规范的问题，如受复杂的利益关系干扰，审查程序随机应变，有的"一路绿灯"，沦为"橡皮图章"等现象（罗刚等，2005；邓蕊，2011；余运西等，2012）。

一旦该制度沦为形式主义的表演，科研人员就很容易忽视其内在的意义和价值，认为其是无意义的官僚程序，不仅难以激起伦理反思和参与的意识，甚至还可能产生反感情绪。

在生命科学研究领域，对科研人员进行伦理相关的教学和培训是与伦理委员会审查相配套的一项制度。在需要进行动物实验的研究方向，培训是与统一饲养实验动物的动物房管理结合在一起的，需要在培训后获得相关认证之后才能进入并使用动物房。例如，清华大学的《实验动物管理办法》的第四章第六条明文规定："从事动物实验工作人员，须经过实验动物专业培训并取得《北京市实验动物从业人员岗位证书》，未经培训的，不得上岗。"（清华大学实验动物管理委员会，2009）有的机构在申请伦理审查时也注明需要项目负责人及课题组成员参加过动物实验相关培训。

　　与伦理委员会审批制度的情况类似，受访者也对伦理培训的作用和意义表示了肯定。受访者 19 说："参加这个培训之后你就知道，老鼠……你应该怎么去弄，你不能瞎整，最后处死的时候怎么处死，都有一套规则，这个东西（实验伦理规范）……让别人了解这个东西怎么去弄，怎么去规范，怎么走程序。"他回忆了自己在国外第一次参加这样培训的经历，当时对这样的制度还觉得奇怪，正是有了这样的培训之后才接触到关于实验动物保护方面的伦理考虑，自己也才开始有这方面的意识。""我上研究生的时候，我们××大学，他们的生物还可以，我们生科院连动物房都没有，有些老师用老鼠做实验，随便找个地方养几只做，不规范……最开始第一次就是接触到这方面的东西，（在哈佛）接到通知要参加那里的报告，……只要做动物（实验）的都要参加……要签名的……学习之后要考试……第一次觉得很奇怪，但是你必须去听，听完了以后要参加考试，考过了之后才能进动物房，没有考过不能进动物房。比如一个笼子老鼠关多了，首先老鼠很拥挤，有的时候会相互咬，像人一样，把几个人关在一起也很难受，可能也是出于伦理方面的，有伦理方面的原因，也有实验的角度。实验角度就是我把老鼠关在一起，它们的状态不好，我做实验的效果就不会好，这个是综合的考虑。"受访者 19 目前带的研究生一招进来就去参加省里统一组织的实验动物的培训和考试。他认为，他们能够有这样的培训机会，可以从研究生时期开始就对实验动物的伦理考虑有一个概念，比自己当年的状况要好些："不管怎么样，有这个概念，你就知道怎么样了……通过这样的过程你就认识到这个东西的重要性，你就知道怎么回事，选择题你第一次选错了，第二次就知道这个东西应该是这样的，你通过这个错误就知道，这个东西应该这样做……慢慢大家都规范了。"

　　受访者 20 较为详细地介绍了她所了解的培训情况："关于整个动物的

操作、伦理方面的培训……要通过考试，拿到合格证。我们一个学期会有两次的培训……（培训的时间）是两天，有理论和操作，有考试，我们的培训大概相当于三个课时……（考试通过后）颁发证书，有效期5年。……（证书）是到我们中心做动物实验的必要条件。拿到这个才允许进（动物房）。"关于培训所起的作用，她说："也是怕学生不知道这些，对自己也不保护，对动物也不爱护。""我至少没有听过（学生对于医学伦理培训）反感的……你跟他说去学，他们都去学了。反正考试也都考过了，我觉得还是记得一些，到后面工作以后他会有更深刻的认识。"

同样的问题当然也存在，即正规的培训制度和课程教育是否会固化为呆板的形式主义表演？受访者24就提到，将医学伦理作为一门课去教，很正规地去说教，学生可能会不耐烦，有逆反心理，"你专门开伦理课他真不好好听，因为他觉得跟他很遥远"。她赞同"伦理是生命科学研究的一个内在部分"的说法，认为应该追求时下流行的"课程整合性"，将伦理和科研的具体工作有机地融合在一起，"真正达到比较默契地表达出来"。如果把伦理单列出来讲的话，她认为效果不会太好，因为"这个时候学生就是为了考试，为了得分，是为了通过"。

从上述案例分析中可以看出，在中观层面，规章制度作为一项非常重要的因素，对于科研人员的伦理参与能力的影响方式是非常复杂的。一方面，建立比较完善的规章制度能够对科研人员的研究行为产生规范作用，从中就可能会唤起科研人员的伦理反思意识，并进而参照来进行行动上的决策。另一方面，相对完备的规章制度也有可能导致科研人员对于制度本身的依赖和被动遵守，反倒是缺乏参与的主动性和反思制度是否适用的创造性责任感。还有一个方面则是规章制度在具体实践中的执行情况，如果在执行过程中沦为空洞无意义的形式主义表演，或是由于不规范的执行滋生投机牟利的情况，则会损害科研人员的伦理参与能力和责任意识。

三、日常实践

从微观的层面看，在较为微观的实践场域中（如实验室、研究小组、研究机构）的日常行动和交往行为，包括非正式的学徒式传授，口头交流等，也会对科研人员的伦理参与能力产生重要作用。在此，把这一层面的非正式的交流互动称为"日常实践"。

与某些流于形式的规范制度相比，研究团队内部的日常实践和交流在促进伦理反思意识和能力上有重要的影响。不少受访者提到，对于某些伦理问题的认识、思考以及因此采取的行动，是受到研究团队里的其他人（导师、同学、同事）的影响。受访者 19 谈到当年关于实验中的自我防护的规范是如何传授的时候，说："没有专门的课，老师会告诉你，有的时候上面的师兄师姐告诉你。"作为课题组领导，也主要选择以团队内部日常交流的方式来将伦理意识和规范行动传递给他人。受访者 16 就说："从大一开始有兴趣的学生过来，他进实验室之前都要跟他们讲，你要遵守实验室的规则，安全问题要讲的。整个来说实验室要告知他这些事情，或者前面的研究生带他形成一种习惯，来遵守实验室的习惯。"受访者 20 说："我们会警告他们（自己的学生），如果不注意的话会出现各种各样的事情……我记得两年前东北的一个农学院，他们解剖什么动物，动物感染了病菌，由于不戴手套感染了几个学生，那个事情在本科生和研究生都做了教育，让他们进实验室都戴手套……"

这些在微观实践层面所形成的"惯例"，往往是新生规范的雏形，如果扩展开来，说不定能转化为新的规章制度。从另一个角度看，规章制度要想不被固化，获得生命，并且还希望不断随着科研创新而发展的话，就必须首先被科研人员吸收、内化到日常的实践和惯例中，随着具体实践操作的丰富性而灵活变化。有时候也未必需要形成明文规章，而是作为某个研究领域的带有行业自律性质的"国际惯例"来发挥作用，如受访者 21 所言："作为拟南芥的基础研究，这实际上是研究拟南芥生物学的这些科学家们，他们统一遵守这样一个东西。我并没有见到流程是哪个单位发布这个规程，因为每个老师做的时候对这些东西，无法预见的东西他都知道怎么处理，他的学生也是按照他的这一套来做。……每个实验室作为老师的话都会告诉学生这些，不能够随便地倾倒。国外他们还是要求挺严的，实际上也不是达到很高的标准，因为这些东西确实不是那么容易确定，拟南芥的种子那么小，你在这儿做实验脚上粘一粒谁会知道。有的时候一不小心挂在衣服上你出去了，即使对种子控制住了，但是它的那个花粉，还有其他的东西，或者有的时候在水池里边。我们只能做到在我们能力范围内尽量不散播。所以那些规则，我们也没有说违反哪一条给你处罚，这是行业的自律，因为有的时候很难控制。"

有的受访者提到对于某些伦理问题的思考，相关做法的规范是在国际交流的实践中获得，在国外的研究团队里接受某些培训，看到别人的做法，才意识到要考虑这些问题。受访者 16 谈到她关于自己研究中的废液处理的做法时说："我在国外留学的时候，起初我一开始也是这样的，一开始我去的时候没有意识到这一点，那个时候当学生，就直接倒掉了，结果被他们实验室的人看到了，就来跟我说，我就意识到这一点，所以一直就这样遵守着。"受访者 19 的经历也印证了这一点："（关于实验动物的保护和权利等方面的考虑）我真正有一个很明确的认识还是在国外的学习中。……出国之后，我发现……我从国外回来之后我发现国内也在慢慢重视这个问题，我们出国之前好像很少有人听到这个事情，回国之后慢慢听到这方面越来越规范。"

由于科研工作都不同，普遍的制度规范不可能涉及所有具体操作行为，加之研究自身的创新性和不确定性，对很多伦理问题的考量和行为的规范，都只能在具体的实践和文化环境中，以自身经验的方式存在和传播。这也是科研人员需要去主动参与伦理实践，而不仅仅是被动地遵守既有规范行事的原因。

四、器物设计

一个不太容易重视到的方面是器物设计辅助效果，即一些研究工具、实验器材及研究场所的建筑设计和配置等，也可能会对科研人员的伦理参与能力产生影响。如受访者 21 在谈及实验操作中科研人员自身的安全防护时提道："咱们这儿还没有每一层楼都要设一个那种包什么的，咱们这儿很多楼里面遇到险情，遇到药品伤害的时候，没有一个设置可以马上处理。这些国外的建筑规范里面就有，你来了首先要告诉你这些东西在哪儿。"受访者 22 在接受访谈之前，先带访谈者参观了他所在的实验室中用于废液处理的高压灭菌炉，表示他们对于实验废料排放对环境的影响是有风险防范意识的。

某些设计得好的器材能够提高科研人员的安全意识，增强对实验人员人身安全的保护，对实验对象的保护，对研究产物和废物的潜在风险的防范。设计得好的物件能够行使与制度、人员相类似的功能。反之，设计得不好的器物也有可能带来安全隐患或者造成实验人员的粗心大意。

第五章
提升科研人员伦理参与能力的方式

第五章 提升科研人员伦理
参与能力的方式

上一章通过对访谈材料的分析，大致探讨了我国科研人员伦理参与能力的状况及相关影响因素。从总体上来看，科研人员的伦理参与能力还存在需要提升的空间。本章着重于探讨提升科研人员伦理参与能力的实践方式，大致归纳了对于科研人员伦理参与能力有助益或者阻碍作用的四类因素，分别是体制环境、规章制度、日常实践和器物设计。关于能够提升伦理参与能力的方式，可以从上述几类因素着手。

第一节 提升方式

一、政策导向

首先，从国家治理甚至全球治理的宏观层面来看，科研人员与社会公众的区隔对立是孕育和激化一系列社会矛盾的温床。政治机制的一个重要作用或职责，就是协调社会中各类利益矛盾，避免不同利益间的对立冲突过于激化，从而导致政治共同体的剧烈动荡甚至撕裂。提升科研人员的伦理参与能力，使科研共同体更加积极、有效、合理地参与社会沟通与协调，是治理科技信任危机的重要选项。而且因为科研人员与社会其他部分在信息上的不对称，科研人员在对重要信息进行妥善披露方面，当然地负有一种难以替代的责任。

从上述情况出发，从公共政策的角度促进科研人员伦理参与能力的提升，有一系列可以着力之处。其中之一是要求科研共同体特别是受公共资源资助的科研团体，就其领域创新活动的主要信息向公众进行有效的披露。这里所谓的有效披露是指，要将相关专业信息解释到公众能够比较容易理解的程度。因为财务报表也是一种比较专业的信息，这里以财务公开制度为鉴，提出两方面要求。一是可以规范向社会公示的专业信息的样式，要更注意按照一般公众进行问询时采取的逻辑来组织，而不是片面地反映科技研究自身的逻辑。对预算而言，公众的逻辑就是花多少钱，用于什么地方，为什么要花这么多，等等；对科研而言，就是为什么要研发这个项目，可能的成果有哪些，可能会给社会各界带来怎样的影响，等等。二是引入公众可以信赖的专业团体，充当解读专业材料的中介机构，正如第三方会计或审计事务所可以受公众委托监督政府或非政府组织的财务报表一样，如果有一批在特定问题领域充分具备科技素养，但自身与该特定问题领域没有利益瓜葛的人士，能在公共利益驱使下组织起来，形成公众可以充分信赖其专业性和中立性的机构或团体，则可以极大地佐助科研人员的伦理参与能力的发挥，同时也可以增强公众参与科技伦理问题的能力。

除了日常的公示，对于一些重大的科研项目，或者对于一些社会矛盾突出的科研领域，还可以强制或准强制地设置类似环境评估一样的评估-批准机制，确保公众的意见能在科研项目执行的早期发挥应有的和有效的作用。这类评估机制不仅可以适用于科研项目，还可以适用于科研团体甚至社会公众团体的伦理参与能力的认证，确保科技伦理活动在具备应有素质的伦理参与者之间有效、有序地互动展开。

二、公众参与

在新信息时代中，社会舆论也构成一种至关重要的宏观体制环境。为了充分且广泛地唤醒、争取、动员普通公众，科技伦理争议的各方都在不遗余力地运用各种形式的媒体渠道，甚至不惜动用特定的公关手段。而这些舆论媒介同时也可用于促进科研人员伦理参与能力的提升。从某种意义上说，在全民组成信息共同体的时代，一个不会在媒体上发声的伦理参与者很难称得上是一个合格的伦理参与者，因为他或她的声音很可能被忽略。然而如果只懂得如何通过媒体扩音却不了解如何正确传递自己的声音，可能会招致不必要的误解或曲解，从而会给特定的伦理活动带来误导或扭曲。所以，如何让公众、科研团体和媒体机构以一种更好的方式共同参与到科技相关的伦理讨论中来，形成良性互动关系，的确存在许多值得努力改善之处。在这方面，打造具备专业素养的媒体平台，或者为民间团体和科研团体之间提供更为平等开放的沟通媒介等，都未尝不是值得尝试的举措。

三、宣传教育

传统的科技伦理意识的培养主要依赖宣传教育，这的确也是提升科研人员伦理参与能力的一种较直接的方式。例如，可以要求科研教育机构等设置特定的培训课程或活动计划，强化科研人员伦理参与的意识，并提供对此富于裨益的活动经验。历史上许多科技伦理问题的争议都可以成为这类培训项目发人深省的鲜活案例。如果能对这些事例加以系统地研究，剖析科研人员乃至其他社会部门在其中的做法和责任，深入地总结经验教训，提炼出一系列规律或规则，将使培训活动收效更佳。而如果要确保科研人员在其中得到伦理参与能力的显著提升，有必要设置相应的模拟甚至实习环节，让他们在最接近实践的情形下探索最为妥善、最适合自身的应对方式，同时，也尝试去感受社会公众的各种可能反应。这种试炼将为科研人员将来真正全方位地面对社会的伦理压力提供适应性的准备。

四、实验室合作

实验室合作在此特指在负责任的新兴技术发展的背景下，科研人员在实验室中，与社会科学家、人文学者一同合作，处理技术发展过程中所涉及的社会伦理等问题。

一些欧美国家的 STS 领域的学者在相关政府机构的支持下正在开展这一类实验室合作的实践。尤其是对社会环境影响巨大的领域，如在纳米技术、合成生物学等领域开展的实验室合作，有着广阔的应用前景。例如，美国自然科学基金所支持的"社会技术整合研究"项目，在亚利桑那州立大学的纳米技术研究中心由埃里克·费舍尔（Erik Fisher）所带领的一个团队负责。该项目让 STS 学者在一个实验室中驻扎，跟随实验开展，参与组会，并与科研人员进行定期会谈，讨论实验进展、思路、决策方式。其目的是在会谈的过程中，STS 学者与科研人员一起探讨与具体的实验操作和决策行为相关的社会伦理层面的议题，拓宽思路。这有助于在技术发展的早期就考虑到相关的社会影响，并得以在技术形成过程中进行微观的调节（STIR 网页）。再如，英国研究理事会和政府资助的纳米技术跨学科研究合作（IRC）有一项社会科学研究计划。剑桥大学纳米科学中心首席物理学家及 IRC 主任沃兰德（Mark Welland）教授是这项计划的发起者。他在剑桥纳米科学中心聘请了一位研究纳米技术社会意涵的副研究员达伯岱（Robert Doubleday），让他在该中心实验室讲授 SEI 课程，组织公众参与活动（如让 IRC 在市民听证会上与绿色和平组织等机构会谈），联系 IRC 与相关的社会研究政策、研究项目进行合作（Doubleday，2007）。此外，在荷兰、丹麦、比利时等国家也有类似的实验室合作的实践在纳米技术及合成生物学等领域开展。

此类实验室合作是一项刚刚兴起的实践，还没有成形的活动模式，大多根据当地的具体情况具体设计协商进行。而此项实践的效果也还没有很好的评估办法。这都要在实践的摸索中慢慢探寻。

实验室合作主要是一种在"日常实践"这一层面上来提升科研人员伦理参与能力的方式。

第二节 "社会技术整合研究"

接下来要着重介绍并讨论的是实验室合作中的一种"社会技术整合研究（Socio-Technical Integration Research，简称 STIR）"项目。

对于"社会技术整合"这个词语的意思，美国学者费舍尔及其合作者曾给出如下两条界定。

> 致力于拓展在科学与工程的核心研发活动中所考虑的社会和伦理方面的因素的一组明确的活动，以此作为用社会需求来塑造研发道路的方式。（Rodríguez et al.，2013）
>
> 技术专家将他们工作中的社会维度当作是其工作的不可或缺的组成部分的各种方式。（Fisher et al.，2015a）

在这个词组中，"技术"指的是某种形式的限定领域的专家知识，而"社会"指的是专家知识的重要背景维度，但后者却往往被轻视或者忽略掉。根据具体的方法和参与其中的专家，社会背景可以包括文化、伦理、政治、环境、语言、认知、基本公设以及大量的其他的价值方面。所谓

"整合"就是设法创造机会，以各种方式去跨越所谓"技术"与"社会"两者之间的鸿沟，将专门知识与其复杂的背景因素和社会意蕴弥合到一起。(Fisher et al.，2015b)

根据这一界定，费舍尔等（Fisher et al.，2015b）将美国人类学家拉比诺所参与主持的关于合成生物学伦理的"人类实践"项目（Rabinow et al.，2012）、致力于服务跨学科合作的哲学方法的"工具箱项目"（Rourke et al.，2013），以及价值敏感设计等都算作社会技术整合的方式。当然，其中最有代表性的还是作为该词组来源的 STIR 项目。

上文中曾经简单介绍过，STIR 是一项由美国国家自然科学基金会资助的研究项目，2009—2013 年在北美、欧洲和东亚的 11 个国家的 30 个实验室开展了参与式研究。这些实验室的研究领域包括与纳米相关的物理、生物、化学、材料、医学、制造、生态毒理，以及生物技术、遗传学、合成生物学等。STIR 的项目设计让人文和社会科学学者——该项目中称为"嵌入式人文学者（embeded humanist）"或"探究者（investigator）"或"STIR 人（STIRer）"——进入自然科学实验室，通过观察及与实验室科研人员的互动交流，触发关于正在进行的研究的伦理和社会意涵的思考，扩展研究的决策空间。

该项目的设计来自于项目主要负责人费舍尔在 2004—2006 年于科罗拉多大学波德校区机械工程系热学与纳米技术实验室（Thermal and Nano-technology Laboratory，TNL）所做的两年多的实验室参与工作。当时，费舍尔接到时任该实验室主管的马哈蒋的邀请，以"嵌入式人文学者"的身份成为该实验室的一名成员。在此期间，他与 TNL 实验室中的研究人员一同开展了一系列的研究项目，参与到多项 TNL 支持的项目中，来确定对工程研究决策进行调节的可行性。他进行了档案调研，通过参与式观察和非结构与半结构式访谈来收集经验数据。并将这些观察和发现定期地展示给 TNL 课题组以及单个的组员。历经数月，与 TNL 的十几名研究人员进行对话、互动、反馈，他们共同发展出一个模型，用来详细说明研究活动中社会考量与技术考量之间的互动。(Fisher，2007) 这个模型是由 "机遇-考虑-选择-产出" 的半结构式决策对话模型发展成为 STIR 项目的主要工具——STIR 决策框图 (STIR protocol)。

在完成了科罗拉多大学的个人实验室参与工作之后，费舍尔加盟了当时新成立的位于亚利桑那州立大学的纳米社会研究中心 (Center for Nano-technology in Scieoty，CNS-ASU)，与该中心的主任加斯顿一起申请了 NSF 资助的 STIR 项目。

一、问题背景：整合要求

STIR 是在特定的政策背景下诞生的一个项目。21 世纪初，欧美各国的科技发展战略和政策中都在号召诸如纳米技术及合成生物学等新兴科技研发领域要 "负责任发展" "负责任创新"，并要求将科技大范围影响的相关考虑整合到科研的过程当中去。例如，美国国会 2003 年通过的 "21 世纪纳米技术研究与开发法案" 当中就提到 "在纳米技术发展的过程中要考虑到伦理、法律、环境及其他相关的社会关注的问题……通过尽可能地将对于社会、伦理、环境方面的研究整合进纳米技术的研发当中" (US Congress，2003)。欧洲议会 2007 年的工作计划文件当中也提到要 "对于新的科技知识和谐的社会整合"。

对科技发展的伦理和社会问题的研究由来已久，在 20 世纪后期，随着科技研发活动与社会生活越来越深刻地交织在一起，对于科技的伦理方面的研究也就越发凸显出其重要性。于是在 1990 年诞生了人类基因组计划的 ELSI 研究，将伦理、法律、社会方面的关注、考量和反思与大规模的科技研究计划绑定在一起。但是由于缺乏实践先例，人类基因组计划的 ELSI

部分虽然在政策和稳定资金的支持下获得了不少的研究成果，但是也受到了一些批评，认为没有能够实现与科研活动的结合，对科技的研发和政策的影响力不足（Fisher，2005）。在汲取人类基因组计划的 ELSI 研究的经验教训的基础上，随后的纳米技术、合成生物学、全球大气工程等大规模的科技发展计划当中，所包含的 ELSI 部分便提出了将这些社会伦理方面的研究与科研活动更为直接、紧密地整合在一起的要求。STIR 项目就是为响应这些整合研究的要求而产生的。

二、理论基础：中游调节

在申请 STIR 项目之前的个人实验室参与的研究过程中，费舍尔与该实验室主管马哈蒋及合作导师米切姆共同发展出一套"中游调节"理论。这也就自然而然地成为了随后 STIR 项目最主要的理论基础。所谓中游调节，是基于描述科技创新及治理的"河流隐喻（stream metaphor）"。河流隐喻是对著名的"线性模式（linear model）"的改良版本，将政策导向和经费投入视为一条河流的上游，研究与开发的过程是中游，而最终的产品、用户、市场选择和监管处于河流的下游；考虑到线性模式只注重从前到后的影响，而忽视了诸如正在进行的科研对政策经费使用，以及应用研究对基础研究的反向影响，河流隐喻中加入了逆流、回流对河岸的侵蚀，以及河床深度的变化等因素，来描述这些复杂的因素之间的互动，从而是一个相对于线性模式更为稳健的描述模型。尽管河流隐喻也无法精确描绘复杂的科技创新实践，但能够大致勾勒出从政策投入到研发活动再到终端应用这三个自上而下的阶段，而这些阶段相互之间是有交叠和相互作用的（图 5.1）。（Fisher et al.，2006）

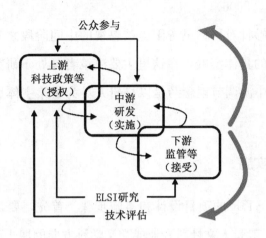

图 5.1 中游调节

资料来源：笔者据（Fisher et al.，2006）的图翻译

当人们认识到需要对科技研发和创新的方向进行能动的引导、干预与调节的时候，往往是在上游调整科技发展规划及经费投入的导向，或者就是在下游对研发成果进行监管和筛选。虽然科技治理理念号召公众参与，但大多数的参与形式也都是在上游或者下游。对于科技研发实践来说，这些调整和干预大体来说都是"外在"的。相比之下，处于中游的研发过程包含着的很多决策机会则往往被忽视。尽管上游的政策和经费导向为研究确定了大体的框架和方向，但是中游的研发实践中还是存在着相当一部分的决策灵活性，这些灵活性体现在科研日常实践中的个人选择、团队决策或者集体行动和安排等方面。因此，这就为在科技创新的中游对技术发展的道路和方向进行调节提供了可能性。根据著名的"科林里奇困境"（Collingridge Dilemma）（Collingridge，1980），位于上游的研发议程设定往往太早，而处于下游的监管、市场选择与产品使用又过晚，都无法对科技的发展方向进行有效的管控。相比之下，中游调节所聚焦的机会，有可能通过与上游相比更为具体、与下游相比更为灵活的方式来影响科技发展的路

129

径（Fisher et al., 2006）。

除了发现能够针对科林里奇困境被忽视的中间阶段之外，由于中游的主要活动是研发的具体实践，在这里主要决策者是处于研究"内部"的科研人员。因此，中游调节理念乃是以科研人员为决策主体展开微观层面的科技治理实践。

三、项目设计及实施

接下来介绍 STIR 的项目设计和实施步骤。首先，要训练一批"嵌入式人文学者"，一般是人文社科专业或交叉学科方向的博士研究生，让他们初步掌握 STIR 程式（即之前提到的半结构决策对话模型）和决策框图的使用方法（如图 5.2、图 5.3）。

随后，让他们联系进入某个自然科学或工程类的研究实验室，在那里驻扎 12 周。在这 12 周里，他们需要观察和参与该实验室的日常研究活动，成为团队中的一员。在此期间，选择一些参与 STIR 项目的科研人员来进行较为密切的互动，了解并跟踪他们的研究工作进展，与他们一起使用 STIR 程式来进行交谈，讨论他们的研究工作的决策过程和决策条件。在这个讨论的过程中，嵌入式人文学者和科研人员相互学习、相互启发，将研究工作的伦理和社会方面的问题带到技术决策当中来。对于使用 STIR 程式的讨论活动，需要设计挑选一些合作的科研人员作为"实验对象"，通过每周一次到三次的讨论来进行密切合作，而另外的一些科研人员则作为"对照组"，不使用 STIR 程式来进行交流。在这 12 周开始之前和结束之后还要对所有参与 STIR 项目的科研人员进行访谈，以此来对比他们在这个过程当中的变化。整个 12 周的研究过程中，嵌入式人文学者需要认真客观地记录实验室内科研人员在对于科研工作的伦理和社会议题的看法、工作决策方式的状况以及变化。一个完整的 STIR 研究包括观察、记录、交流、反馈的过程。对实验室科研工作进行中游调节的任务对应于三个阶段的中游调节的具体内容，如表 5.1 所示。

STIR 程式	
机会 察觉到某种能够产生影响的事件	**考虑** 能够潜在地调整影响的方向的一些选择的标准
选择 察觉到采取行动的过程	**产出** 根据"考虑"进行"选择"所产生的效果

图 5.2　STIR 程式

资料来源：STIR 项目申请书（内部资料）

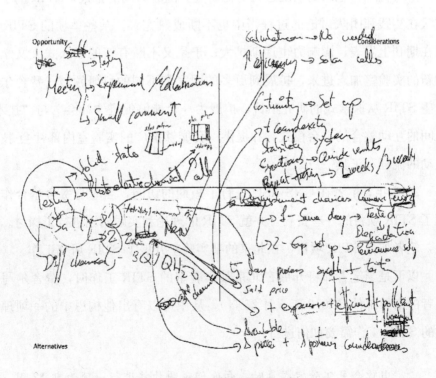

图 5.3　STIR 决策框图使用示例

资料来源：STIR 项目内部资料

表 5.1　中游调节研究任务

任务	阶段	描述
1	现状	记录下有哪些社会考量影响了研发的决策和产出
2	反思	在研究的具体环境中将上述结果反馈给参与者，记录下他们对于现状调节的意识
3	深思熟虑	记录下行动者是否有根据反思的意识来对决策过程进行调整

资料来源：STIR 项目申请书（内部资料）

STIR 项目刚开始的阶段，共有 10 位人文社科方向的博士生作为嵌入式人文学者参加，每人在两个实验室里分别完成 12 周的 STIR 工作，然后将两个实验室所记录的情况进行对比研究。随着时间的推进，STIR 的工作方法在实践和团队讨论的过程当中也不断成熟完善，某些单项的 STIR 成果在期刊上发表，影响力也逐渐扩大；于是又不断有新的嵌入式人文学者和新的实验室加入进来，扩展到更多的国家和不同的科研领域。费舍尔也希望 STIR 从探索式的研究项目，扩展为一个能够促进"社会"与"技术"之间的互动整合的平台模式，并提供一套能够推广的实验室内部社会-技术互动的流程和工具。

2012 年，笔者在 CNS-ASU 进行了短期的访问，当时与费舍尔合作整理了 STIR 项目的一些资料，并就 STIR 的理论和实践问题进行了探讨。随后，笔者加入 STIR 项目，在北京的某实验室开展了 STIR 研究工作。

以下是当笔者即将开展在北京某实验室的 STIR 工作时，费舍尔写给笔者的指导邮件（2012 年 5 月 25 日），从中可以看出他构思中的一项理想化的 STIR 工作需要如何进行：

> 当你会见实验室成员时，向他们说明你将进行一项为期 12 周的实验，目的是研究"社会-技术整合"（或者"社会技术合作"）的可能性和实用性。然后告诉他们你会使用一种美国国家科学基

金会资助下发展起来的方法，这种方法是经过测试并且公开发表过的。你可以告诉他们 STIR 项目的相关情况和成果。如果他们同意的话，你这项实验将会作为在中国开展的第三项 STIR 研究。如果你需要相关的展示资料的话，我可以发给你。

你可以告诉他们你想要"嵌入"实验室中，深入地理解实验室内部文化，并成为其中的一份子。你可以说，你也会试着与他们合作，如果可能的话，向他们学习并且帮助他们，但同时也给他们的工作带来新的方法和思路。你需要跟 1～2 个人密切地合作，让他们跟你一起使用 STIR 程式。其中一个是"高度互动"，即每周 2～3 次使用 STIR 程式，另一个是"低度互动"，每周一次。或者你可以跟两个人都进行"高度互动"。你还需要 1～2 人作为对照组，即你不跟实验室中的 1～2 人使用 STIR 程式，这样你就可以将他们与使用 STIR 程式的人进行对比。你可以征集一些志愿者，或者让实验室主管推荐人选。

你需要对所有人进行研究前和研究后的访谈。这包括在 12 周开始之前和结束之后问他们相同的问题，以此来对比有什么差异。你可以问 Q 要他的访谈问题，然后如果有必要的话我可以给你提一些修改建议。

你觉得使用 STIR 程式好不好？之前的指南你还有吗？需要我再发给你一份吗？你对中游调节的辩证法理解得如何？你还有 STIR 程式吗？……

一旦你开始进行研究，你需要花很多的时间来对访谈、观察和 STIR 程式操作来进行记录和思考。尽量将每一次的 STIR 程式操作进行电子化记录，并且使用 STIR 程式表将你们的对话结构化地记录下来。在每一次程式操作之后，尽你所能地去学习其中的科学知识以及了解他们的社会和伦理背景。这会对你准备下一次操作有所帮助。

你也会想要写一份日志，因为你的想法会不断发展。有时候很微小的看似无意义的事情随着时间流逝可能会变得比较重要。要记住所有事情是不可能的，所以要经常做笔记，经常回顾，寻找模式和"故事"。

试着跟实验室外的某些人进行一周或两周一次的交谈。我们可以每个月 Skype 一次，以及/或者将你的思考发给我看。你也可以请 Q 跟你每个月 Skype 一次。

记住：你的工作不是去"制造"任何变化，仅仅是去帮助生成条件来增强科研人员自省的意识。无论你是否看似促成了重要的反思，或者甚至促成了他们（如果他们选择这样）在研究、行动、决策中进行改变（或不改变），仍然要持续工作并且将这些都记录下来。

如果大家都愿意的话，记得为你在实验室中的工作拍一些照片。

由此可以看出，STIR 是从实验室内部的微观"日常实践"角度来对科研人员的伦理反思和决策能力进行"中游调节"，让科研人员能够意识到与自己正在进行的研究工作相关且更广泛的伦理、政治、社会层面，将这些因素以及可能影响的思考结合进研究方法的选择、研究过程的决策当中去，通过不断反思决策以及与作为外行的嵌入式人文学者进行协商互动，从而让科研工作的实施过程和成果能够朝向更为负责的、对社会有益的方向。

STIR 与负责任创新的理念是密切相关的，不仅项目的两位主持人（Principal Investigator，PI）费舍尔和加斯顿都是负责任创新观念倡导者和理论构建工作的支持者，STIR 的多位嵌入式人文学者也是负责任创新相关的政策和社会研究的参与人员。STIR 的项目从申请、设计到实施的整个过程，渗入了很多与负责任创新的理念内涵所一致的思想：社会技术的整合、对科技创新方向的引导、多主体参与协商对话、对科研活动的实时参与和反思等等。在谈及 STIR 的文本中，也往往都将负责任创新作为其指导理念或者目标。在对 STIR 的目标的描述中，费舍尔也采用了欧文等人的负责任创新思维度框架，称 STIR 意在"增强反思意识，从而提升协商和反馈的能力"（Fisher et al.，2015b）。

四、结果与产出

通过 30 多个实验室的参与合作，STIR 项目表明了，这样的整合行动能够在实验室内部触发实践的某些变化，从而拓展科研工作所考虑到的价值和问题，以及发现更多的决策选择。例如，在亚利桑那州立大学的单分子生物物理中心，科研人员对于负责任创新的反思就激发了关于天线结构与纳米颗粒合成的新想法。对于实验室科研人员来说，从更多的维度来思考和讨论他们自己的研究工作，并不需要牺牲研究的创造性。以 STIR 这样的方式来整合"社会"与"技术"的维度，能够使得科学研究的创造性与科研对社会的回馈这两个方面相互促进。（Fisher et al.，2010）

对于社会技术的整合工作在实验室层面的可能性和实用性的探究，STIR 项目通过参与观察和实践尝试，记录了三类整合互动的现象。[①]

第一类是学习，即科研人员认识到了自己的实验室科研工作和该项研究的社会背景环境以及科研人员自身的能动性之间的相互关系，对于这些相互关系的意识增强了。当科研人员对于"伦理""决策""责任"这些概念的理解逐渐加深，并开始以新的方式来看待自己的科研工作与社会环境

---

① 以下引用的材料来自 STIR 项目的内部资料，相关内容有待发表。

之间的关系的时候，他们就处于一种学习并转变认识的过程中。一些科研人员在一开始的时候认为"我的研究跟伦理和社会没什么关系""我们在这里做不了什么决策"，随着项目的进展，他们改变了说法："我想，这个真的是一个决策""所有的技术研究都应该包含（与社会因素的整合）"。

第二类是协商，包含着对于科研中既有价值的反复深入的思考。例如，一位科研人员最初表示他一直以来都对转基因研究当中的公众参与决策持怀疑态度，但之后他逐渐转变了态度，认为"如果我们没法说服公众相信我们所做的研究的意义，那么可能我们就没有在做正确的事"，并且他还主动去参加公众参与的活动。另一位科研人员一开始忽视了公众对于纳米材料废弃物的处置问题的关注，说："我干吗要管公众怎么想？"但不久之后，他召集了一次实验室会议，来讨论关于废弃物处置的问题，并且跟他实验室的嵌入式人文学者联名发表了一篇文章来呼吁相关政策澄清这一问题。

第三类是反馈，指的是对于研究行动、研究方向和实验室内部规范进行实际的调整。在互动的过程中，科研人员可能实现"突破"，产生新的想法。例如，一位科研人员研究的是餐具洗洁剂当中的纳米颗粒在洗完后会附着在盘子上的问题，当他在互动交流中将关注点从水洗流程转向干洗流程之后，便创造性地调整了自己研究计划的方向。另一位科研人员在互动交流的帮助下，找了一种方法，能够使某个皮肤病治疗的过程所耗费的时间从 15 小时缩短为 15 分钟，他预计当相关产品商业化的时候，这会降低消费者的费用。一位实验室负责人开始了一项新的研究计划，关注可持续的工业制造；另一位实验室领导发行了一份病患交流通讯读物，将其作为公共服务的方式。

从这些 STIR 项目中参与和观察到的实验室中发生的变化，可以看出，科研人员的伦理反思意识和主动参与行动的能力有所提升，他们逐渐地以自己的科研创新工作作为履行责任的方式，去参与并实施负责任的创新。

第三节　"社会技术整合研究"的问题和讨论：
基于实际参与的体验

2012 年 5 月至 7 月，笔者在获得课题组负责人许可的条件下，在位于北京市的国家纳米科学中心某课题组的实验室进行了为期 8 周的 STIR 项目研究。这是 STIR 在中国进行研究的第三个实验室，前两个实验室分别位于大连和北京。按照 STIR 的设计，一个实验室的参与式合作需要进行 12 周，但事实上，并不是所有的 STIR 的实验室研究都能够按照设计的时间和流程标准来进行。笔者在实验室中进行了两个月的观察、访谈和非正式交流之后，仍然没有找到愿意定期持续地使用 STIR 程式来对其研究项目进展进行互动交谈的合作科研人员，从而也无法进行分组对照工作。时值盛夏，该实验室中的不少科研人员休短期高温假，综合其他原因，笔者的 STIR 工作在第 8 周的时候自然结束了。基于这段亲身参与 STIR 的经历，笔者对于 STIR 项目在实践过程中所产生的诸多问题有了切身体会。本节就结合笔者的体会以及所收集到的其他 STIR 参与者的相关材料，来对这些理论与实践的问题进行探讨，并进而反思 STIR 作为促进负责任创新的尝试，特别是作为提升科研人员伦理参与能力的方式，在实际中如何能够发挥其效果。

一、"嵌入式人文学者"的角色问题

在许多关于 STIR 的问题的内部讨论中，一个关键问题是："嵌入式人文学者"这个新发明的身份到底是什么样的一个角色，她与所嵌入的环境是什么样的关系，与她的合作者——参与 STIR 项目的实验室科研人员是什么样的关系？

"嵌入式人文学者"这一身份，从方法论的渊源上追溯，来自20世纪70年代发展起来的实验室人类学研究。当时有一批人类学家将研究的目光从边远的原始部落转向现代社会的核心，走进科学知识和技术创新的生产地，将实验室当作人类学家的田野来进行参与和观察。这批实验室人类学的民族志写作和理论反思，随后深刻地影响了科学哲学和科学社会学的研究，同时也为人文社会科学学者走进自然科学实验室提供了经验范例。世纪之交，随着负责任创新概念的兴起、对科技创新的 ELSI 研究的发展，以及上文中提到过的对于"社会"与"技术"整合的政策要求，从社会和伦理角度来研究科学技术相关问题的学者，开始从外在的、中立的、描述性的研究，转向主动地、建设性地参与到科技创新的过程中来。实验室人类学的田野实践与当代人文社会学者的参与态度的合流，就产生了"嵌入式人文学者"这一新生事物。

以下是 STIR 的内部调查表中的一段关于"嵌入式学者"的描述，这段描述是通过内部调查表的发放让 STIR 团队的成员进行讨论，通过团队成员在 STIR 实践中遇到的问题和思考的反馈来调整和重构这一角色的定位和内涵。

实验室参与研究将"嵌入式人文学者"置入一个相对新颖的位置，让他们从中获取有意思的体验，我们尝试去捕捉这些在新位置中的有趣体验。例如，STIR 很特别地处在一种既是研究又是参与的关系中：像田野研究和其他形式的参与式观察那样，它会包括与信息提供者、所研究的活动及话语等的近距离的不可避免的互动。在其他形式的研究中，这些"观察者效应"常常是被忽略、尽量减小或者被控制住。然而 STIR 却恰恰相反，是要在研究过程中放大这些效应，并聚焦于此，以此作为数据和灵感的来源。STIR 和那些以教育、宣传、培训为目的的各种参与实践不一样。尽管 STIR 的设计是在社会伦理关注的意义上去探究、扰动或者以某种方式去干预科学和工程实践，它并不是为了做而做，而是为了理解在什么样的条件下实验室实践中会生发出有意义的变化。

综上所述，首先需要考虑的是，"嵌入式学者"是何含义，什么样的工作、位置和体验可以算作是"嵌入"，这个所谓的"嵌入式学者"是属于局内人还是局外人，或者是介于局内和局外之间的某个位置，或者既是局内人又是局外人，笔者在做 STIR 的体验中，对于本人所在的实验室研究小组来说，很显然是一个局外人。他们并不把笔者视为"嵌入"了实验室中。然而，当笔者与做哲学和社会科学的同行们进行交流，讨论本人的 STIR 工作的时候，本人就被视为"嵌入"了，因为笔者拥有别人所没有的资源和途径。例如，笔者有能够进入研究中心大楼的门卡，笔者在研究小组的办公室中有一张工作台（尽管是暂时的），对于组内人员来说笔者是一张熟悉的面孔，他们在一定程度上可以信任笔者并与笔者交谈。当笔者与同行说起"我的实验室"或者"我的小组"的时候，感觉上就像是笔者作为一个"嵌入"了的局内人，并且笔者可以在人文社会科学同行面前为"我的实验室"的研究人员"代言"。

如果说"嵌入式学者"是一种"相对新颖的身份"，其"新颖"的内涵是什么呢？笔者跟什么样的身份相比才算是"新颖"的笔者？是由于处在"实验室"这个特殊的地点而具有新颖性吗？笔者是由于"介入"的态度使得身份相对新颖；或者由于作为一项研究，这项研究的进路和焦点具有新颖性；或者是其他的什么因素。需要置于某种具体的研究传统或者历史背景下才能说明新颖性的所在。

关于"观察者效应"经常被忽略、减小和控制住的说法也颇有意思。这是否来自于思想史以及现代科学实践的传承，由于这一传承我们获得了什么，又丢失了什么？为什么如今需要放大这个"观察者效应"？

事实上，包括 STIR 在内的诸多实验室中参与实践的"嵌入式人文学者"（在 STIR 之外的其他实践中会有别的称呼），在不同的场合下也许会扮演着几种不同的角色，每一种角色都意味着与合作的科研人员之间的一种特殊的相互关系。至少有如下四种角色。

（一）探究者

探究者继承的是社会科学和人类学学科训练的传统，带着旁观者的视角对于实验室内所发生的事物及科研人员的活动进行观察、记录和描述。其特定的方法论要求探究者尽量客观、中立、如实地报道事实的现状。因此，探究者与实验室科研人员之间主要是一种研究主体与客体的关系。探究者是主体，去研究和解释科学家——客体——的行为方式。如果社会科学希望追随自然科学的研究范式，这种模式是最理想的。当然，当社会科学探究中囊括了人类作为研究对象，以及反身性问题，情况就会变得复杂一些，但一个简化版的解释模型依然在某种程度上能够成立。

（二）协作者

在任务分割明确，大家分工协作的情况下，一名参与到实验室研究中的"嵌入式人文学者"自身就是具有专门知识的专家。这一模式"包含着明确的分工，相互之间进行定期交流；……并不一定要有对于问题的统一的定义，也不一定要分享同样的解决问题的技术"。（Rabinow and Bennett，2009）协作者负责告诉科研人员有哪些伦理、法律或者社会问题，然后自己给出解决这些问题的方案。科研人员只需要像在产业科学的文化环境中那样，把伦理问题交给这些协作专家来解决就可以了。问题是，协作专家具有足够解决这些科研实践中的伦理社会问题的能力吗？他们根据自己的知识基础所提出的解决方案是否能够在科研实践中有实际效用呢？

（三）鼓吹者

如果一名"嵌入式人文学者"先前已经秉持特定的价值观、利益和立场，他会以一种鼓吹模式进入实验室，想要通过干预实验室中的日常操作来贯彻自己的价值观。他可以介绍某些道德理论，或者传达公众的利益取向（暂且不考虑什么算是公众利益的问题）。那么问题就在于那些外来的价值观如何能够植入现有科研活动的进程中，如果有排异反应，遭到来自内部科研人员的抵制怎么办？最重要的，如何维护自己在实验室中的位置，不被那些对鼓吹反感的内部人员赶走？

（四）互动者

一种较为理想的角色是"嵌入式人文学者"能够真正"嵌入"实验室中，超越旁观者的身份去积极参与，但是又不像鼓吹者那样咄咄逼人，让自己与科研人员处于平等的地位，相互学习，相互分享学习的经验，以互动协商的方式共同发现、面对和处理科研的伦理社会层面议题，共同担负起创新实践的责任。

在 STIR 项目中，"嵌入式人文学者"可能会具有上述多重角色身份，并且在不同的时间场合之间进行身份切换，这些不同的身份在实践过程中也可能相互补充。然而，多重角色和身份切换，或许也会对实验室参与和研究带来一些麻烦。接下来就以笔者 STIR 研究体验来说明身份不确定所造成的问题。

所谓"名不正则言不顺，言不顺则事不成"，《论语·子路》中的这段话指出，在中国文化背景下处理事务，"正名"一事是很重要的。在实验室参与行动中，参与者是否具有一个正式的身份可能会造成很大的差别。例如，费舍尔在科罗拉多大学进行的研究中，身份是科罗拉多大学波德校区机械工程系热传导与纳米技术实验室聘任的"嵌入式人文学者";达伯岱在实验室合作工作期间,被聘任为剑桥大学纳米科学中心的"纳米技术的社会影响研究助理(research associate)"。他们都是被其所在的实验室领导聘用的,这使得他们能够比较顺利地获得实验室其他成员的认可。

笔者在 8 周的 STIR 工作中,对于自己作为"嵌入式人文学者"身份的暧昧性、模糊性有不少切身体会。有一次,笔者在帮另一位在该实验室做合作研究的社科学者去做关于纳米科技工作场地的安全调查发放问卷的时候,就遇到了某个实验室中的工作人员强烈质疑:你们是谁?你们是干什么的?你们是哪个组的?即使我们正在进行自我介绍,还是被打断并要求我们回答到底是哪个组的。而这正是我们身份上的模糊之处,在这个研究中心里,我们并不从属于任何一个课题组。

如果仅仅是短期的工作,比如发放和回收问卷,这个身份上的不明确可能问题不大。而如果想要进行长期的、常规的合作,正名就是一件很重要的事情了。

当笔者刚刚在这个纳米生物实验室开展研究工作的时候,有另外的社科研究者 Z 正在该实验室进行关于纳米技术的工作场地安全问题的问卷调查。最初,实验室内的科研人员一听说笔者是研究人文社科的,就认为笔者跟 Z 做的是同样的工作。例如,当科研人员 A 向科研人员 B 介绍笔者的时候,B 回答说:"跟 Z 做的差不多吧。"笔者不断尝试解释想要做的研究跟 Z 的工作的差别,这让很多实验室科研人员更困惑了,尤其是当本人说,除了观察之外,还想试着寻找跟他们一起合作的机会。STIR 所谓的"在研究和介入之间的独特情况",对于科研人员来说非常的模糊不清,而且难以理解。按照他们的说法,笔者被认为是"搞文科的""搞哲学的""搞管理的""搞战略的""搞社会调查的",甚至有人认为"类似于记者"。进入实验室大约一个月之后,笔者在一对一访谈中问到他们对于笔者的工作的看法，很多人的回答仍然是"还是不太清楚你在干什么"。有一位科研人员在拒绝笔者的访谈邀请的时候是这么说的："我觉得你这样的访谈得不出什么东西。这样很没有效率，而且浪费我们双方的时间。我建议你像 Z 一样也做一份调查问卷，把你想要问的问题都写上，发给每个人填，这样你可以得到一些有用的信息。"跟做调查问卷的方式相比，STIR 需要更多的时间、耐心以及"嵌入式人文学者（STIRer）"和科研人员之间更多的沟通交流。而与笔者所参与的社会科学研究小组的工作相比，在纳米生物实验室中要建立起相互的信任和认可，对于科研人员和笔者双方都较为困难。在社会科学研究小组中，本人不需要花费很多的时间就能够找到自己的位置，从而提供自己的观点和思考。他们很清楚本人是干什么的，需要做什么。笔者自己也很清楚。然而，在纳米生物实验室里，尽管笔者有一张具体的工作台，但无法为自己找到一个合适的位置。对于其他科研人员来说也是如此，无法给笔者确定一个合适的位置。我们彼此就像是陌生人一样，需要小心地相互试探，寻找某种适合的交谈和相处方式。

科研人员对笔者身份的认识是在一次次互动的过程中逐渐建构起来的。例如，当笔者在实验室观察他们做实验并写观察记录的时候，有人对笔者说，希望笔者的观察和记录能够"多向公众展现科学家勤劳严谨的良好形象"。有人在访谈中向笔者表达了对实验操作中可能的安全问题的担忧，想要获得更好的保健福利（年度健康体检），希望能够"向领导反映一下"。很多参与者认为跟笔者进行交谈是给笔者提供帮助，而不是"合作"。在访谈中，大多数人都会问笔者有什么收获，当然笔者有很多收获。有时候笔者会问他们在交谈中有什么收获。有的人回答说，关于他们的工作与社会的关系有更多的想法。笔者不知道他们是不是仅仅出于礼貌才这么回答。有一次，一位受访者在访谈中表达了她最近在实验中遇到的困难，笔者试着用 STIR 的"决策框图"来帮她梳理思路。她试着填写，之后似乎觉得对于理清思绪有所帮助，并告诉笔者会根据从中获得的想法来做。不过笔者没有机会进行后续的回访来看后来的效果。

笔者所在的研究小组里有不同身份的研究人员。有课题组负责人、助理研究员、博士后、工程师、博士研究生、硕士研究生、联合培养学生以及实习生。笔者与他们之间的关系是不太一样的。与笔者关系最密切的是实习生。由于我们在组里都是临时工作的人员，有相似的身份体验。尽管她是笔者的采访对象中唯一的外国人，类似的体验和感受克服了语言的障碍，我们之间建立了积极的合作关系。随后较为密切的是联合培养学生，笔者经常与她们一起吃午饭，在午饭期间我们经常彼此交谈，这有助于建立彼此之间的相互理解和信任。一旦她们习惯了跟笔者在午饭期间进行谈话，她们也就逐渐可以比较自由地在办公室、实验室，以及一对一访谈的场合与笔者进行交流。其中一位还帮助笔者说服另一位笔者不太熟悉的人接受笔者的访谈邀请。

二、合作的条件问题

积极参与合成生物学的社会技术整合研究的著名学者拉比诺等（Rabinow et al.，2009）对两种跨学科项目的合作模式做了区分：一种是一般的分工协作（cooperation），参与的各方以各自独立的方式工作，完成自己的一部分任务，然后这些工作被简单地加总起来；另一种则是深度的合作（collaboration），这里超出各方独立作业的劳力分配方式（division of labor），需要对要解决的问题有大家共同认可的界定，或者共享的校正技术。

从协作与合作的上述区分来看，STIR 项目这样的新尝试，要开启一个合作模式是存在困难的。因为我们不能摆脱原有建制从零开始。任何一个新项目的参与者，都带着其所属关系而来，所有工作都要依托已有路径所提供的工作资源和平台。更不要说个人受训练所得到的具身知识和具身技能。理想情况下的合作模式似乎勉强地适用于人文学科，因为人文学科的知识技能偏软，可调整的空间稍大，最重要的是资源和平台没有这么具体、牢固。与人文学科相比，社会科学的部分机构、资源人脉又更为具体牢固一些。中游调节的理论构建中也已经指出"中游活动当然包含着物理上的、资源上的以及可及的专门知识等方面的限制，更不用说各种机构和组织上的利益和压力"（Fisher et al.，2006）。资源、平台都是先期投入，并且具有更长的延续性（因为投入了大量的成本），故而是比较硬的，比较牢固不易变的。举个虚例，假设某生物课题组花大价钱买了一台最新最先进的设备，他们接下来的工作都会围绕着这台设备的功能来展开（当然购买的原因是之前已经开展了相关方向），不使劲用怎么能值回成本呢？如果这个组有人出来参与其他工作，他也会不遗余力地把其他工作引到能用上这台机器的方向上来（不论是能获得设备租金还是实验室署名权），假使他引导成功了，便在新的课题组中占据了一定的话语主导。那么结果是，这个新组不会成为一个基于平等协商的合作模式，而是要么成为设备提供者主导的模式，要么成为来自不同组推荐不同设备的协作模式。把设备替换成其他的技术、知识体系也是一样的道理。

那么，STIR 这样的研究项目要开启合作，就会面临如下几个问题：第一，科研人员有没有动力去合作，为什么？科研人员工作的主要动力是什么？第二，宏观层面上政策制定者提倡合作，原因是什么？合作是一种真实的需求吗？谁的需求？动力何在？第三，人文社科学者有动力去合作吗？如果有，原因是什么？第四，我们需要从中找出合作的真正需求和动力源自何处，这种需求的真实目的是什么。

合作的参与者相互之间在知识背景、工作方法和思维方式等方面都有很大差别。因此，共同的兴趣/利益（interests）可能成为进行合作的重要

145

动机。

STIR 的相关文本（论文、内部材料、上文引述过的指导邮件）中反复使用"程式（protocol）""催化剂""实验""对照组"等词汇，其实是科学实验的研究中经常出现的词汇。使用这些词汇（包括对 NSF 与 STIR 关系的凸显），都是试图在语言上搭建沟通的桥梁，强化文化上的类同，弱化差异。试图让参与 STIR 的科研人员理解，嵌入式人文学者的工作方式，与科研人员的实验室工作方式是类似的，都是做"实验"，都按照特定的"程式"，都涉及"催化剂（如化学实验）"和"对照组（如医学实验）"之类的东西。这些词汇在 STIR 中的出现和保留，或许是费舍尔在前期研究的 33 个月"嵌入"工作耳濡目染留下的印记，或许是为了与科研人员沟通合作的精心设计，但无论如何，反映了社会技术整合中词汇的文化意涵。

三、实践方式问题

在笔者开展北京某实验室的 STIR 工作之前，给笔者联系实验室的一位科研人员在听过笔者简单地介绍 STIR 的工作方式——与实验室内的研究人员进行对话、合作，讨论研究中可能的社会因素之后，就首先提示笔者注意可能存在的体制和文化因素对 STIR 开展方式的影响，"这个事情在中国做比在美国做难度要大"，他认为在对社会问题的关注方面，中国的科研工作者远不如其美国同行。据他的了解，美国的科研工作者对社会事务的关心程度较高，并举了爱因斯坦给总统写信、做演讲表明自己对二战、原子弹等事务的看法为例，说明"美国的大科学家"关注社会问题，有社会责任感。而"中国的科学家"当然也有社会责任感，但是这种社会责任感"相对（美国）来说还是有些许差别，这跟我们的文化和体制有关系"。由于这种"文化的差异"，他认为在中国开展 STIR，在与科研工作者进行交流的时候，"跟在美国的交流（相比），它的效果和效率，不一定会有这么好"。他认为，中国的科研人员对于社会事务思考得少，并且很多时候没有把这些事务纳入自己的行动和想法中，因此，在中国进行 STIR 的时候，需要"动动脑筋"，"把这个事情中国化，采取一些相应的措施和策略看怎么样能够适合中国的环境和情况"。这也印证了在第四章中提到的体制环境的因素对于科研人员的伦理参与能力的影响。关于如何开展 STIR，他提出的一条建议是，参加实验室举行的一些活动，尤其是研究工作之外的活动，在这些活动中跟科研人员进行交流，把社会-技术整合的想法、科技的社会因素和社会影响的想法传达出来。

之后的工作经历证明，的确只有这种"研究之外"的活动，比如在吃饭和散步时的闲聊，专门设置好时间、地点的面对面访谈，一些联欢会、欢送会之类的娱乐活动，才能进行信息比较丰富的交流。然而，这样的方式跟 STIR 的设计基本上是相悖的。STIR 的设计是围绕研究工作的具体内容进行交流，之所以设计嵌入到实验室内部，之所以用"中游调节"为基本理论，就是希望尽可能直接地作用于科研工作本身。而在"研究之外的活动"的各种场景中，预设的交流内容则不是研究工作本身。尽管在访谈中会指定涉及研究工作的内容，但是，研究人员在访谈场景里明显不处于工作的状态，并不是以一个在研人员的身份来表述相关信息，而更像是与外行做普及性的介绍。而此处想要表明的是，在研究之外的场景进行交流，与 STIR 的直接作用于研究工作的设计有明显的差别。另外一点是，这种"研究之外的活动"的场景是缺乏常规性和持续性的，这也与 STIR 所设计的持续的、反复的交流相悖。

然而，为什么这位科研人员仅仅是在听了关于 STIR 工作方式的简单的介绍之后就会提出从"工作之中"转移到"工作之外"呢？笔者想他是抓住了 STIR 非常关键的点——嵌入、直接、干预。从 STIR 的设计中看，这是最强有力的点；但是从科研人员的角度看，这可能是最难以接受的点。

所以，这既是 STIR 最强的点，也是它最弱的点。从理论设计上看，这个点使得中游调节最为有效，但从实际操作上看，这个点使得 STIR 最难以执行。实验室这一结构的设计，就是为了保证科学研究的"纯化"工作。这种纯化工作不是轻而易举的，而是有代价的。拉图尔在《科学在行动》（拉图尔，2005）中就阐释了实验室研究越是纯之又纯，其墙外的政治力量就越是繁杂和强大。需要如此强大的社会政治力量来维持这一比喻意义上的"实验室之墙"，就是要在墙外处理掉所有这些政治和社会的相关因素，来维持实验室内部的、专门的纯化空间。STIR 想要把这些社会因素带入实验室中，带到研究工作中，不是说绝对意义上不可能，而是需要足够强大的力量来穿越"实验室之墙"。所以无论费舍尔如何强调 STIR 的设计不干扰研究工作、促进合作、帮助研究，都会显得像是口头上的无力说辞。

四、成效问题

STIR 项目的目标就是要通过让"嵌入式人文学者"在科技创新的中游去进行微观的、柔性的调节，提升科研人员的伦理反思意识、决策的能动性，以及协商讨论的能力，从而服务于负责任创新。这正好是针对负责任创新框架下的科研人员伦理反思能力的提升来设计的方案。只是 STIR 项目的方案主要是从微观层面的实验室内部"日常实践"这一角度来进行的尝试，希望通过"嵌入式人文学者"的进入，不断地对科研决策进行反思性的互动讨论，从而在某个具体的实验室研究团队内部打造一个有利于激发伦理参与能力的微环境。

从上文所谈到的 STIR 项目的结果与产出来看，的确有不少的"嵌入式人文学者"成功地触发了科研人员对于自身工作的伦理和社会维度的意识，以及对于正在进行的研究决策的反思性、能动性和协商意识。STIR 项目记录了科研人员对于理解伦理、责任等概念的变化，记录了科研人员对于伦理社会维度、自身的决策能力以及对公众参与的意义从否认到承认的变化，也记录了科研人员出于"多想一下"而穿上了防护服，对现有的废料处理方式产生质疑并召集讨论。在第四章对于"日常实践"的影响的讨论中，科研人员表明往往正是在这种非正式交流中的"多想一下"所激发的反思和参与的意识，或许能够成为某种习惯，执行到今后的研究工作中，并继续通过这种微观实践的交流传递给更多的人。

然而也不得不注意的是，这种理解上的变化，"多想一下"的意识以及因此而触发的某一行动，还仅仅是去积极参与负责任创新实践的一个小小的萌芽而已。当"嵌入式人文学者"结束12周的工作离开实验室之后，这种萌芽能够维持下来并继续成长吗？"多想一下"的行动能够促成什么实质性的效果呢？

"嵌入式人文学者"M记录了他所在的实验室的一位科研人员在与他进行对话之后，开始担忧研究中用到的纳米材料的去向问题，于是不再把这些材料丢到一般的市政生活垃圾处理渠道，但是也不知道该怎么处理这些废弃的纳米材料，于是就在实验室内部召集了一次讨论，让大家想想应该怎么处理。经过讨论之后，整个实验室的人也得不出结论——到底应该怎么处理这些废弃材料才是合适的。虽然这是个STIR工作获得了效果——科研人员的伦理反思意识和参与协商的行动都有所表现——的例子，但是，那位科研人员同时也表示，由于讨论不出明确有益的结果，他思考这些事情，召集实验室会议就属于"浪费时间"，还耽误了他自己的研究工作进展。从这个案例可以看出，仅仅从微观环境中生长出来的伦理参与能力的萌芽，会面临着规范和政策参与渠道的不通畅以及竞争压力巨大的科研体制环境所带来的多重考验。

"嵌入式人文学者"D在他的STIR工作中记录了科研人员对于伦理、责任等概念的意识的转变，在STIR的12周研究结束后，好几名与他合作的科研人员主动联系他，让他回到实验室来共同探讨科研工作的宽泛的社会影响的议题。这当然也是科研人员主动参与协商的意识和行动的表现。但同时也需要注意的是，D 所进入的这个实验室是一个有着浓厚的创新责任与社会责任氛围的机构。在他的内部报告里，D 记录了该实验室所面临的机构方面的负责任创新或社会技术整合的政策导向：该机构的愿景是"让我们参与解决世界上最重大的问题吧"，该机构自己的描述是"数百名科研人员聚集到一起，怀着激情去解决巨大的全球性的挑战"；该机构对于自身责任的阐述文本中还明确提到"很多有益的发现是有可能被误用的。仔细地研究科学进展的利益和风险以及他们的社会和伦理意涵是本机构的一项优先考虑（priority）"。由此就不难理解为什么 D 所进入的实验室的科研人员对于自身科研工作的社会影响议题会积极主动去关注。

在第四章中曾讨论过，对于科研人员的伦理反思能力的影响，诸多方面的因素会相互关联地共同起作用。结合 STIR 成效问题的案例分析，这种各方因素或者协同作用，或者相互限制的情况就体现得更为明显了。事实上，上文中所提出的 STIR 项目中存在的"嵌入式人文学者"的角色问题、合作的条件问题以及实践的方式问题，也都与体制环境、规章制度等宏观、中观的影响因素有关。宏观的政策导向、科研体制的竞争压力和评价机制，以及具体到机构的理念、策略和氛围，都会对类似于 STIR 这样的项目的合作能够有动力展开、人文社科学者的身份获得认可等问题有影响。

附录

附录 A 受访者列表

编号	时间	地点	领域	职位	性别
受访者 1	20120524	北京	物理	研究员	男
受访者 2	20120608	北京	物理	硕士实习生	女
受访者 3	20120625	北京	化学	博士生	女
受访者 4	20120626	北京	化学	博士后	男
受访者 5	20120702	北京	医学	联培硕	女
受访者 6	20120703	北京	医学	博士生	男
受访者 7	20120703	北京	医学	联培硕	女
受访者 8	20120703	北京	材料	联培硕	女
受访者 9	20120705	北京	材料	联培硕	女
受访者 10	20120711	北京	医学	联培硕	女
受访者 11	20120712	北京	化学	联培博	女

续表

编号	时间	地点	领域	职位	性别
受访者 12	20120712	北京	生物	联培硕	女
受访者 13	20120713	北京	生物	博士生	女
受访者 14	20120717	北京	化学	助研	女
受访者 15	20120718	北京	生物	博士生	女
受访者 16	20140714	武汉	藻类基础研究	博导	女
受访者 17	20140714	武汉	环保材料研究	博导	女
受访者 18	20140714	武汉	污水处理	讲师	女
受访者 19	20140715	武汉	肿瘤	博导	男
受访者 20	20140715	武汉	糖尿病	博导	女
受访者 21	20140716	武汉	植物转基因基础研究	研究员	男
受访者 22	20140716	武汉	微生物研究	研究员	男
受访者 23	20140721	北京	干细胞	—	女
受访者 24	20140721	北京	干细胞	副研	女
受访者 25	20140722	北京	湖营养物基准	副研	男
受访者 26	20140722	北京	稀土风险评估	副研	男
受访者 27	20140722	北京	资源环境领域的标准	副研	男
受访者 28	20140723	北京	医学心理学	研究员	男
受访者 29	20140723	北京	新概念医学	研究员	男

续表

编号	时间	地点	领域	职位	性别
受访者 30	20140724	北京	垃圾处理	讲师	男
受访者 31	20140724	北京	材料	博士毕业	男
受访者 32	20140725	北京	医学	副主任医师	女
受访者 33	20140728	上海	干细胞	—	男
受访者 34	20140728	北京	转基因作物	—	女
受访者 35	20140728	北京	蔬菜遗传育种	—	男

附录 B 科研伦理课题访谈提纲

访谈围绕着受访者的科研活动及其风险防范问题，可以归结为三大块：

1. 受访者对其科研及成果应用可能对人体、动植物和生态环境的潜在风险的个人反思和困扰。

2. 单位、个人和国家如何处理和规范这些风险和不确定性？个人的评价及建议。

3. 受访者对本领域的伦理问题、风险沟通、公众参与、社会争议、科学家责任、伦理环境前景的看法及建议。

具体提纲：

1. 受访人科研活动的内容、意义及隐含的风险。

请您简要地讲讲您的科研内容及其重要性/意义。（可以了解到其对科技与"责任"的看法，如果没有提到科研对社会意义，应加问一句"对社会会有哪些好处呢？"，"对您个人来说有什么意义？您个人最看重的是什么？"）接着引出风险问题。

①这个领域/这项科研存在科研风险吗？比如实验过程和实验室管理。

②这个领域/这项科研在应用时有风险吗？有可能引起社会争议吗？

③目前实验室/大学管理中是如何应对这些问题的？

④您个人是如何处理的？在研究中会不会考虑对人体、动植物和环境的伤害和潜在的副作用？

2. 科研管理的瓶颈及优化渠道

目前您认为在项目组织和实施科研过程中，最头疼或遇到的最大挑战是什么？（往往指出的这些"瓶颈"是最好的管理点或管理施行渠道）

①您的科研成果施于应用（或推广到市场）的最大挑战是什么？

②哪些环节的改进可以帮助您解决这些问题？

3. 本领域的伦理争议及对科研的影响

据您了解，国内外学术界或社会公众对您的研究领域/相关课题有过争议或担忧吗？

①（根据受访人背景举例相关国际争议）您觉得科技出现争议，是沟通的问题吗？（显然不只是简单地沟通问题，但这种问法容易引受访者讲出自己的看法）

②国外的这些争论会影响到您在中国的科研吗？（会有助于您在中国的科研吗？）

4. 国内的社会环境与社会支持

和国外同行相比，您觉得国内科研的社会环境如何？国内公众对您所在的学科态度如何？

您觉得哪些措施能够提高您的学科的公众形象？（依上面的回答，此题可以问：您学科的公众形象对于您的科研重要吗？）

5. 公共参与问题

您平时参加科普活动吗？您觉得哪些科普活动，哪种形式的科普需要加强？（了解科研和公众的相互态度很重要，但科研工作者和公众的实际关系也很重要）

①媒体在影响和传播国内科技发展的作用是什么？

②公共参与：如果需要您出面对公众解释或科普，您乐意吗？为什么？有没有参加过类似的活动？

6. 科学观问题及对风险沟通的看法

很多高新技术因为第一次用于人类社会，其很多影响都是未知的，您认为对于这种技术我们应该采取什么样的态度？是要在确认其风险在可接受、可控制范围内之后，才支持其发展，还是摸着石头过河，先支持其发展，等出现问题再解决问题？（了解科学观。这个问题其实是看中国科技工作者更倾向 precautionary 还是 proactionary principle。咱们目前的科技政策两者都有，也能探测在他们心里风险与伦理本质上意味着什么）

①您觉得对于那些有争议的，有人希望叫停的科研活动，是否叫停应该由谁来举证？是科研方，还是质疑方？

②在裁决这种争议中，您觉得什么才算是有意义的"证据"？

③出现争议时，谁来与相关公众沟通最有效？或者什么样的沟通方法最有效？

④科学家的责任是怎样的？最好的做法应该是什么？

⑤对于科技发展所带来的问题，是靠科技本身的发展还是靠伦理规约来解决？

7. 有关伦理规范的知识与态度

（根据受访人背景举例国内相关焦点问题，如 PX、转基因、网络安全等）您觉得为什么会出现这种状况？科研人员本身有必要对此回应吗？

①国内相关部委对此已经发布过什么规范性文件吗？（这个问题是测试受访者的知识，我印象里国内有伦理指导原则类的文件）

②国内对这个问题是管理太严格还是太松？规范或日常管理的理念和执行怎么样？有什么问题吗？

③为什么很好的管理观念到现实中变了形？哪个环节出了错？

④在科研过程中有没有遇到过让自己为难的伦理问题？是怎么解决这个问题的？

8. 单位伦理制度建设及其效果

您所在的大学有没有伦理委员会，科研项目申请伦理委员会批准的流程是什么？准备伦理申请表一般需要占用您多长时间？（这个题目的前提是咱们小样本找的都是有伦理委员会的规范单位）

①您觉得科研伦理审查实际上有用处吗？（对于持明显否定态度的受访者，应追问，伦理委员会这个机构有什么用？您知道为什么要设置这个程序吗？）

②您觉得国内的伦理审查和国外相比有差别吗？如果有，在哪些方面？

9. 对科学家责任的看法

欧美现在很流行讨论"负责任的科研"（accountable science），您觉得在中国当下的环境中，什么样的科研才是"负责任"的"好"科研呢？

①根据上题答案需酌情追问，我们所说的责任是对"谁"负责？中国的"负责任"与外国的"负责任"是否是同一"责任"，且是否应是同一"责任"？

②对于科研人员来说，您觉得哪方面的素质或品德最重要？

③国内如何才能鼓励更多负责任的科研呢？

10. 伦理教育与培训问题

在您此前的求学和专业培训中，您接受过科技伦理的培训或教育吗？比如您的大学或研究生课程中有伦理课吗？

①您认为科技伦理都包括什么呢？您所在领域都需要关注哪些重要的伦理问题？

②您觉得有必要把科技伦理教育作为理科高等教育的必修部分吗？

③谁/在什么阶段需要学习科技伦理呢？

11. 对目前科研中重大问题的看法

目前在您的领域，我国的科研水平怎么样？您觉得需要解决的最大的问题是什么？（从科研水平引出科研中的问题，比如学术诚信、经费等问题）

①补充：近年来国内出现很多学术不端的报道，您觉得这方面的问题严重吗？哪种学术不端行为最普遍？哪种不端行为比较严重，不可以谅解？

②对我国而言，科研诚信与科研伦理哪方面的管理更重要？

12. 价值观问题

①您平时生活中最关注哪些问题？

②您有什么信仰吗？

③作为科研人员，您所向往的工作状态和生活状态是什么样的？

参考文献

[1] 白春礼. 序言 [J]. 科学通报, 2011 (2): 95.

[2] 贝尔纳 J. D. 科学的社会功能 [M]. 桂林: 广西师范大学出版社, 2003.

[3] 波普尔. 猜想与反驳: 科学知识的增长 [M]. 傅季重, 纪树立, 周昌忠, 等, 译. 上海: 上海译文出版社, 2005.

[4] 曹南燕. 科学家和工程师的伦理责任 [J]. 哲学研究, 2000 (1): 45-51.

[5] 陈春英. 注重 "绿色纳米" 发展理念 [N]. 中国社会科学报, 2010-09-21 (003).

[6] 邓蕊. 科研伦理审查在中国: 历史、现状与反思 [J]. 自然辩证法研究, 2011 (08): 116-121.

[7] 冯拖维克兹, 拉弗兹. 三类风险评估及后常规科学的诞生 [M] //克里姆斯基, 戈尔丁. 风险的社会理论学说. 北京: 北京出版社, 2005: 284-311.

[8] 龚继民. 科学家的社会责任 [J]. 福建省社会主义学院学报, 2004 (3): 54-56.

[9] 郭金鸿. 西方道德责任理论研究述评 [J]. 哲学动态, 2008 (4): 58-64.

[10] 赫费. 作为现代化指代价的道德: 应用伦理学前沿问题研究 [M]. 邓安庆, 朱更生, 译. 上海: 上海译文出版社, 2005.

[11] 洪晓楠, 王丽丽. 科学家的责任分析 [J]. 哲学研究, 2007 (11): 83-86.

[12] 胡明艳. 新兴技术的伦理参与研究: 以纳米技术为例 [R]. 北京: 清华大学科学技术与社会研究所, 2011.

[13] 黄明明, 刘颖轶. 搭建科技与伦理间的平衡木 [N]. 中国科学报, 2012-02-02 (A3).

[14] 黄小茹."2013'科技伦理研讨会"在沪召开 [J]. 科学与社会, 2013 (4): 130-132.

[15] 吉本斯,等. 知识生产的新模式:当代社会科学与研究的动力学 [M]. 陈洪捷,沈文钦,等,译. 北京:北京大学出版社,2011.

[16] 贾萨诺夫. 第五部门:当科学顾问成为政策制定者 [M]. 陈光,温珂,译. 上海:上海交通大学出版社,2011.

[17] 蒋美仕,周礼文. 论科学家的科学责任与社会责任 [J]. 科学学研究,2002 (1): 17-19.

[18] 科学技术部科研诚信建设办公室. 科研诚信知识读本 [M]. 北京:科学技术文献出版社,2009.

[19] 库恩. 科学革命的结构 [M]. 金吾伦,胡新和,译. 北京:北京大学出版社,2003.

[20] 拉图尔. 科学在行动:怎样在社会中跟随科学家和工程师 [M]. 刘文旋,郑开,译. 北京:东方出版社,2005.

[21] 拉图尔. 我们从未现代过:对称性人类学论集 [M]. 刘鹏,安涅思,译. 苏州:苏州大学出版社,2010.

[22] 李科. 近十年我国学界关于科学家社会责任问题研究回顾与前瞻 [J]. 深圳大学学报(人文社会科学版),2010 (5): 25-30.

[23] 廖苗. 科学的社会契约与后常规科学 [J]. 自然辩证法研究,2014 (10): 54-59.

[24] 林坚,黄婷. 科学技术的价值负载与社会责任 [J]. 中国人民大学学报,2006 (2): 47-53.

[25] 刘颖轶,黄明明. 纳米科研:政府层面应系统布局 [N]. 中国科学报,2012-02-02 (A3).

[26] 卢彪. 科学家与科学的道德价值 [J]. 学海,2001 (3): 139-142.

[27] 罗刚,徐晓宁. 科研伦理审查基本"一路绿灯"[N]. 健康报,2005-08-02 (001).

[28] 马佰莲. 责任自由与科学家角色责任的实现 [J]. 重庆邮电大学学报(社会科学版),2008 (3): 74-78.

[29] 麦克里那. 科研诚信:负责任的科研行为教程与案例 [M]. 何鸣鸿,陈越,等,译. 北京:高等教育出版社,2011.

[30] 梅亮,陈劲. 创新范式转移:责任式创新的研究兴起 [J]. 科学与管理,2014a (3): 3-11.

[31] 梅亮,陈劲,盛伟忠. 责任式创新:研究与创新的新兴范式 [J]. 自然辩证法研究,

2014b（10）：83-89.

［32］美国科学工程与公共政策委员会. On being a scientist：a guide to responsible conduct in research［M］. Washington，D. C. ：National Academies Press，2009.

［33］缪航."2012'科技伦理研讨会"在京召开［J］. 科学与社会，2012（4）：130-135.

［34］缪航."2014科技伦理研讨会"在滇召开［J］. 科学与社会，2014（4）：131-135.

［35］莫少群."科学家的社会责任"问题的由来与发展［J］. 自然辩证法研究，2003（6）：50-53.

［36］默顿. 科学社会学：理论与经验研究［M］. 鲁旭东，林聚任，译. 北京：商务印书馆，2003.

［37］欧盟委员会网站. Responsible research & innovation［EB/OL］.［2015-04-01］. http：//ec. europa. eu/programmes/horizon2020/en/h2020-section/responsible-research-innovation.

［38］齐曼. 真科学：它是什么，它指什么［M］. 曾国屏，匡辉，张成岗，译. 上海：上海科技教育出版社，2002.

［39］清华大学实验动物管理委员会. 清华大学实验动物管理办法［EB/OL］.［2015-03-28］. http：//center. biomed. tsinghua. edu. cn/public/rule/.

［40］宋希仁，陈劳志，赵仁光. 道德责任［M］//宋希仁，陈劳志，赵仁光. 伦理学大辞典. 长春：吉林人民出版社，1989：1048.

［41］魏洪钟. 对科学家社会责任研究的反思［J］. 科学与社会，2012（4）：8-17.

［42］夏伟东. 道德责任［M］//罗国杰. 中国伦理学百科全书·伦理学原理卷. 长春：吉林人民出版社，1993：341-342.

［43］徐少锦，温克勤. 道德责任［M］//徐少锦，温克勤. 伦理百科辞典. 北京：中国广播电视出版社，1999：1071.

［44］薛其坤. 纳米科技：小尺度带来的不确定性与伦理问题［N］. 中国社会科学报，2010-09-21（002）.

［45］晏萍. 负责任创新的理论与实践探索：第3届3TU-5TU国际学术研讨会综述［EB/OL］.［2014-11-17］. http：//www. chinasdn. org. cn/n1249550/n1249735/15884184. html.

［46］晏萍，张卫，王前."负责任创新"的理论与实践述评［J］. 科学技术哲学研究，2014

（2）：84-90.

[47] 杨小华. 科学家社会责任之缺失探因 [J]. 兰州学刊，2006（8）：173-175.

[48] 叶继红. "科学家"职业的演变过程及其社会责任 [J]. 自然辩证法研究，2000（12）：46-50.

[49] 于雪. "负责任创新"的伦理探索："3TU-5TU 科技伦理国际会议"综述 [J]. 科学技术哲学研究，2013（1）：110-112.

[50] 余运西，衣晓峰. 科研伦理审查不应沦为"橡皮图章"[N]. 健康报，2012-09-21（005）.

[51] 约纳斯. 技术、医学与伦理学：责任原理的实践 [M]. 张荣，译. 上海：上海译文出版社，2008.

[52] 法格博格. 创新：文献综述 [M] //法格博格，莫利，纳尔逊. 牛津创新手册. 北京：知识产权出版社，2008：1-27.

[53] 张春美. 科学家社会责任的文化价值 [J]. 探索与争鸣，2008（10）：73-76.

[54] 张思光. "2011 科技伦理研讨会"在京召开 [J]. 科学与社会，2011（4）：126-128.

[55] 赵迎欢. 荷兰技术伦理学理论及负责任的科技创新研究 [J]. 武汉科技大学学报（社会科学版），2011（5）：514-518.

[56] 赵宇亮. 纳米技术的发展需要哲学和伦理 [N]. 中国社会科学报，2010-09-21（002）.

[57] 中国科学院北京生命科学研究院网站. 北京生命科学论坛：中国合成生物学研讨会成功召开 [EB/OL].［2015-03-26］. http：//www. biols. cas. cn/xwdt/zhxw/200911/t20091127＿2676141. html.

[58] 中国科学院北京生命科学研究院网站. 北京生命科学论坛：转基因与社会学术研讨会召开 [EB/OL].［2015-03-26］. http：//www. biols. cas. cn/xwdt/zhxw/201205/t20120514＿3577264. html.

[59] 中国科学院学部主席团. 关于负责任的转基因技术研发行为的倡议 [EB/OL].［2015-03-26］. http：//www. cas. cn/xw/zyxw/yw/201304/t20130428＿3829951. shtml.

[60] 周志家. 风险决策与风险管理：基于系统理论的研究 [M]. 北京：社会科学文献出版社，2012.

[61] 朱贻庭. 道德责任 [M] //朱贻庭. 伦理学大辞典. 上海：上海辞书出版社，2002：36.

[62] Alix J. An abridged genealogy of the RRI concept [EB/OL].［2015-04-01］. http：//

www. euroscientist. com/abridged-genealogy-rri-concept/.

[63] Berne R W. Nanotalk: Conversations with scientists and engineers about ethics, meaning, and belief in the development of nanotechnology [M]. Mahwah, New Jersey: Lawrence Erlbaum, 2006.

[64] Bhattachary D, Stockley R, Hunter A. Nanotechnology for healthcare [EB/OL]. [2015-04-01]. http: //www. epsrc. ac. uk/newsevents/pubs/nanotechnology-for-healthcare/.

[65] Callon M, Lascoumes P, Barthe Y. Acting in an uncertain world: an essay on technical democracy [M]. Cambridge, Massachusetts: The MIT Press, 2000.

[66] Collingridge D. The social control of technology [M]. New York: St. Martin's Press, 1980.

[67] European Commission. Options for strengthening responsible research and innovation: report of the expert group on the state of art in europe on responsible research and innovation [R]. Luxembourg: European Union, 2013.

[68] Fiorino D J. Environmental risk and democratic process: a critical review [J]. Columbia Journal of Environmental Law, 1989 (14): 501-547.

[69] Fisher E. Lessons learned from the ethical, legal and social implications program (ELSI): planning societal implications research for the national nanotechnology program [J]. Technology in Society, 2005, 27 (3): 321-328.

[70] Fisher E, Maricle G. Higher-level responsiveness? Socio-technical integration within US and UK nanotechnology research priority setting [J]. Science and Public Policy, 2015a, 42 (1): 72-85.

[71] Fisher E, O'Rourke M, Evans R, et al. Mapping the integrative field: taking stock of socio-technical collaborations [J]. Journal of Responsible Innovation, 2015b, 2 (1): 39-61.

[72] Fisher E, Mahajan R L, Mitcham C. Midstream modulation of technology: governance from within [J]. Bulletin of Science, Technology & Society, 2006, 26 (6): 485-496.

[73] Fisher E, Biggs S, Lindsay, et al. Research thrives on integration of natural and social sciences [J]. Nature, 2010, 463 (7284): 1018-1018.

[74] Funtowicz S O, Ravetz J R. A new scientific methodology for global environmental issues [M] // Costanza R. Ecological economics: the science and management of sustainability. New York: Columbia University Press, 1991: 137-152.

[75] Funtowicz S, Ravetz R. Science for the post-normal age [J]. Futures, 1993 (9): 739-755.

[76] Grunwald A. Responsible innovation: bringing together technology assessment, applied ethics, and STS research [J]. Enterprise and Work Innovation Studies, 2011 (7): 9-31.

[77] Guston D H. The Pumpkin or the tiger? michael polanyi, frederick soddy, and anticipating emerging technologies [J]. Minerva, 2012, 50 (3): 363-379.

[78] Guston D H. Understanding "anticipatory governance" [J]. Social Studies of Science, 2014, 44 (2): 218-242.

[79] Guston D H, Sarewitz D. Real-time technology assessment [J]. Technology in Society, 2002, 24 (1-2): 93-109.

[80] Guston D H, Fisher E, Grunwald A, et al. Responsible innovation: motivations for a new journal [J]. Journal of Responsible Innovation, 2014, 1 (1): 1-8.

[81] Guston D. Responsible innovation in the commercialised university [M] //Stein D G. Buying in or selling out: the commercialisation of the American research university. New Brunswick: Rutgers University Press, 2004.

[82] Hellstr M T. Systemic innovation and risk: technology assessment and the challenge of responsible innovation [J]. Technology in Society, 2003, 25 (3): 369-384.

[83] Horizon. Deepening ethical engagement and participation in emerging nanotechnologies (DEEPEN) [EB/OL]. [2015-04-02]. http: //www. 2020-horizon. com/DEEPEN-Deepening-ethical-engagement-and-participation-in-emerging-Nanotechnologies (DEEPEN) -s23255. html.

[84] Jones R. When it pays to ask the public [J]. Nature Nanotechnology, 2008, 3 (10): 578-579.

[85] Latour B. From the world of science to the world of research? [J]. Science, 1998, 280 (5361): 208-209.

［86］ Macnaghten P, Chilvers J. The future of science governance: publics, policies, practices [J]. Environment and Planning C: Government and Policy, 2014, 32 (3): 530-548.

［87］ Mitcham C. Co-responsibility for research integrity [J]. Science and Engineering Ethics, 2003, 9 (2): 273-290.

［88］ Owen R, Goldberg N. Responsible innovation: a pilot study with the U. K. engineering and physical sciences research council [J]. Risk Analysis, 2010, 30 (11): 1699-1707.

［89］ Owen R, Macnaghten P, Stilgoe J. Responsible research and innovation: from science in society to science for society, with society [J]. Science and Public Policy, 2012, 39 (6): 751-760.

［90］ PHS. PHS Policy on Instruction in the Responsible Conduct of Research (RCR) [EB/OL]. [2015-04-03]. http: //www. or. org/pdf/PHS_Policy_on_RCR. pdf.

［91］ Rabinow P, Bennett G. Human practices: interfacing three modes of collaboration [M] // Bedau M A, Parke E C. The ethics of protocells: moral and social implications of creating life in the laboratory. Cambridge, Massachusetts: MIT Press, 2009: 263-290.

［92］ Rabinow P, Bennett G. Designing human practices: an experiment with synthetic biology [M]. Chicago and London: The University of Chicago Press, 2012.

［93］ Rodríguez H, Fisher E, Schuurbiers D. Integrating science and society in European framework programmes: trends in project-level solicitations [J]. Research Policy, 2013, 42 (5): 1126-1137.

［94］ Rogers-Hayden T, Pidgeon N. Moving engagement "upstream"? nanotechnologies and the royal society and royal academy of engineering's inquiry [J]. Public Understanding of Science, 2007, 16 (3): 345-364.

［95］ Rourke M O, Crowley S J. Philosophical intervention and cross-disciplinary science: the story of the toolbox project [J]. Synthese, 2013, 190 (11): 1937-1954.

［96］ Schot J, Geels F W. Strategic niche management and sustainable innovation journeys: theory, findings, research agenda, and policy [J]. Technology Analysis & Strategic Management, 2008, 20 (5): 537-554.

［97］ Schuurbiers D. What happens in the lab does not stay in the lab: applying midstream modulation to enhance critical reflection in the laboratory [J]. Science and Engineering Ethics, 2011, 17 (4): 769-788.

[98] Schuurbiers D, Fisher E. Lab-scale intervention [J]. European Molecular Biology Organization (EMBO) reports, 2009, 10 (5): 424-427.

[99] Smith-Doerr L, Vardi I. Mind the gap: formal ethics policies and chemical scientists' everyday practices in academia and industry [J]. Science, Technology & Human Values, 2015, 40 (2): 176-198.

[100] Stahl B C. Responsible research and innovation: the role of privacy in an emerging framework [J]. Science and Public Policy, 2013, 40 (6): 708-716.

[101] Steneck N H, Bulger R E. The history, purpose, and future of instruction in the responsible conduct of research [J]. Academic Medicine, 2007, 82 (9): 829-834.

[102] Stilgoe J, Owen R, Macnaghten P. Developing a framework for responsible innovation [J]. Research Policy, 2013, 42 (9): 1568-1580.

[103] Stirling A. "Opening up" and "closing down": power, participation, and pluralism in the social appraisal of technology [J]. Science, Technology & Human Values, 2007, 33 (2): 262-294.

[104] Sutcliffe H. A report on responsible research & innovation [EB/OL]. [2015-04-03]. https://ec. europa. eu/research/science-society/document _ library/pdf _ 06/rri-report-hilary-sutcliffe _ en. pdf.

[105] Swierstra T, Stemerding D, Boenink, M. Exploring techno-moral change: the case of the obesity pill [M] //Sollie P, Düwell, M. Evaluating new technologies. Dordrecht: Springer Netherlands, 2009: 119-138.

[106] Jeroen van den Hoven J, Doorn N, Swierstra T, et al. Responsible innovation [M]. Germany: Springer Netherlands, 2014.

[107] Von Schomberg R. From the ethics of technology towards an ethics of knowledge policy: implications for robotics [J]. AI & SOCIETY, 2008, 22 (3): 331-348.

[108] Von Schomberg R. Prospects for technology assessment in a framework of responsible research and innovation [M] // Dusseldorp M, Beecroft R. Technikfolgen abschätzen

lehren: bildungspotenziale transdisziplinärer. Methoden: VS Verlag für Sozialwissenschaften, 2012: 39-61.

[109] Williams G. The internet encyclopedia of philosophy [EB/OL]. [2014-12-03]. http: // www. iep. utm. edu/responsi/.

[110] Wynne B. Lab work goes social, and vice versa: strategising public engagement processes [J]. Science and Engineering Ethics, 2011, 17 (4): 791-800.

[111] Ziman J. Why must scientists become more ethically sensitive than they used to be? [J]. Science, 1998, 282 (5395): 1813-1814.